软件工程技术丛书

全国大学生软件测试大赛指导用书

开发者测试

王兴亚 王智钢 赵源 陈振宇 编著

机械工业出版社
China Machine Press

图书在版编目（CIP）数据

开发者测试 / 王兴亚等编著 . 一北京：机械工业出版社，2019.1
（软件工程技术丛书）

ISBN 978-7-111-61681-8

I. 开… II. 王… III. 软件－测试 IV. TP311.55

中国版本图书馆 CIP 数据核字（2019）第 000815 号

全书共分为 8 章及一个附录，主要内容包括开发者测试概述、程序静态分析、白盒测试、程序插桩与变异测试、单元测试、集成测试、JUnit 基础、JUnit 深入应用、慕测科技——开发者测试平台等与开发者测试相关的知识、技术和平台。书中涵盖了开发者测试的四个重要方面：1）开发者测试出现的背景与意义；2）开发者所应掌握的基本和高级程序分析方法（如程序流程分析、符号执行）以及软件测试技术（如白盒测试、单元测试、集成测试、变异测试、程序插桩）；3）开发者所应掌握的软件测试分析辅助工具（如 JUnit、JaCoCo、PITest）；4）用于开发者测试教学、竞赛的慕测平台。全书通过多个 Java 示例代码阐释了各个方法和技术，以便读者理解和学习。

本书得到江苏高校品牌专业建设工程项目 PPZY2015B140 的支持。本书适合高等院校相关专业的学生及教师阅读，也适合软件开发人员、测试人员及未来希望从事软件开发、测试的其他专业人员参考。

开发者测试

出版发行：机械工业出版社（北京市西城区百万庄大街 22 号 邮政编码：100037）
责任编辑：佘 洁　　责任校对：李秋荣
印　　刷：北京市荣盛彩色印刷有限公司　　版　　次：2019 年 2 月第 1 版第 1 次印刷
开　　本：186mm × 240mm 1/16　　印　　张：12.75
书　　号：ISBN 978-7-111-61681-8　　定　　价：59.00 元

凡购本书，如有缺页、倒页、脱页，由本社发行部调换
客服热线：（010）88379426 88361066　　投稿热线：（010）88379604
购书热线：（010）68326294 88379649 68995259　　读者信箱：hzjsj@hzbook.com

前　言

当前，信息需求的持续增长和信息技术的快速发展加快了软件产品的研发速度，同时也大大增加了软件产品的测试压力。以互联网、移动应用等产品为例，众多软件公司普遍采用微小改进、快速迭代、反馈收集、及时响应等手段来提高软件的迭代速度，缩短软件产品的发布流程。显然，仅仅依赖测试人员已经难以满足市场和客户对产品质量的需求，这就要求开发人员也深入参与到软件测试过程中，与测试人员共同完成软件产品的质量保证工作。在本书中，我们定义由开发者承担的与代码相关的软件测试工作为开发者测试。

本书从开发者测试出现的背景与意义、开发者所应掌握的基本和高级程序分析方法以及软件测试技术、开发者所应掌握的软件测试分析辅助工具、用于开发者测试教学和竞赛的慕测平台等多个方面对开发者测试进行系统性介绍。相信通过本书的学习，读者可以对开发者参与测试的必要性、开发者测试所涵盖的内容有初步的认识和了解，同时能够结合本书的示例及平台锻炼自己的测试能力。

本书适用于两类不同的读者：1）在高等院校学习和工作的教师和学生，本书有助于他们理解和认识测试工作承担者的责任，并为他们学习和锻炼自身的测试能力提供方向和平台；2）软件产业的开发人员、测试人员和管理人员，本书有助于他们认识开发者在测试工作中的重要性和所应承担的工作内容，以及开发者所应具备的测试技能。

本书讲述的方法是通用的，可以用于测试任何类型的计算机软件。但是，为了使读者更好地理解和学习本书的开发者测试方法，本书提供了大量 Java 示例代码以及面向 Java 的程序分析、测试工具。这些示例和工具可以在任何支持 Java 的操作系统（如 Windows、Linux、Mac）、开发环境（如 Eclipse、IntelliJ、Sublime Text）中开发、测试和运行。

本书共包含8章及一个附录，除第7章与第8章外，其他章节的内容互不相关，因而读者可选择其中部分章节进行阅读。

第1章：开发者测试概述。本章在研究和分析开发者与软件测试关系的基础上，介绍了开发者测试的定义、背景与意义。同时，本章还从静态测试与动态测试、白盒测试与黑盒测试、不同测试工具间的对比中分析得到开发者测试所涉及的方法、技术与工具。此外，本章还讨论了开发者测试技术未来的趋势，并介绍了支持开发者测试教学与竞赛的慕测平台。

第2章：程序静态分析。本章对软件静态测试的基础——程序静态分析方法进行了介绍。通过代码评审、结构分析等方法可以有效地检测出程序中的逻辑错误，而程序流程分析（如控制流分析、数据流分析）则可以更细粒度地反映程序中语句间、变量间的关联。此外，本章还介绍了辅助程序正确性证明的静态/动态符号执行方法，便于读者了解更高级的程序分析方法。

第3章：白盒测试。白盒测试要求软件内部的逻辑结构透明可见，因此更适合由软件项目的开发者来承担。本章介绍了两类主要的白盒测试方法，包括以程序内部逻辑结构为基础的逻辑覆盖测试方法和以程序路径为基础的路径覆盖测试方法。与此同时，本章还比较了不同白盒测试方法的测试强度，并介绍了用于度量程序复杂度的环复杂度方法。

第4章：程序插桩与变异测试。本章介绍了用于获取程序运行时信息的程序插桩方法，以及用于度量测试用例集缺陷检测能力的变异测试方法。对于程序插桩方法，本章详细介绍了插桩位置、类型、数量的选择方法；对于变异测试方法，本章详细介绍了变异算子的设计与选择方法。同时，本章还介绍了工具JaCoCo和PITest，以便读者体验Java程序的运行时信息收集和变异测试过程。

第5章：单元测试。单元测试是对软件基本组成单元（如方法、函数、过程）的测试。在测试过程中要完成初始状态的创建、测试结果的验证、测试资源的释放等工作，这些工作适合开发者使用代码控制开展。本章在介绍单元测试框架的基础上，进一步阐述了单元测试的各项内容，使读者能针对不同的测试对象分析、建立相应的测试模型。

第 6 章：集成测试。通过单元测试的软件模块并不能保证在整合后依然运行正确，因此需要做集成测试以进一步验证。本章介绍了集成测试过程、集成测试所面向的缺陷类型以及分析方法，并详细介绍了多种集成测试策略。同时，本章还讨论了不同集成测试策略的优缺点，并对它们各自的适用场景进行了分析，测试人员可据此选择合适的集成测试策略。

第 7 章：JUnit 基础。工欲善其事，必先利其器。JUnit 是开发者开展单元测试的一把利器。本章对 Java 单元测试框架的基本功能（如注解、测试类与测试方法、错误与异常处理、批量测试）进行了详细的介绍，使读者对 JUnit 的功能和适用范围有了详细的了解。本章还穿插了数个 JUnit 示例程序，帮助读者更快、更方便地学习 Java 单元测试。

第 8 章：JUnit 深入应用。在前一章介绍 JUnit 基本功能的基础上，本章对 JUnit 的高级功能进行了介绍，包括用于提高测试代码开发效率的匹配器功能，面向 Controller 和 Private 函数的测试功能、Stup 测试功能和 Mock 测试功能。同时，本章还介绍了 JUnit 与常用 Java 开发框架（如 Ant、Maven）的集成方法，读者可据此配置来构建更方便的 Java 单元测试环境。

附录：慕测科技——开发者测试平台。实践练习是提高开发者测试能力的有效方法。本附录介绍了支持开发者测试教学的慕测平台，并说明了面向教师的账号注册、班级管理、考试管理等功能。同时，还对由慕测平台提供技术支持的全国大学生软件测试大赛进行了介绍，该赛事为软件测试专业的宣传及开发者测试理念的普及做出了重要贡献。

目　　录

第1章
Chapter 1

开发者测试概述

早期软件规模小且复杂程度低，软件测试常常包含于调试工作中，由软件开发人员完成。在当今规模化和工程化的软件研发中，为了提高生产效率和专业化程度，相关工作逐步细分，出现了专门的软件测试岗位。

为了获得更高的用户忠诚度，扩大产品市场份额，在当前移动互联网迅速普及的背景下，众多软件公司纷纷采用了微小改进、快速迭代、反馈收集、及时响应等手段来迅速改进软件产品，满足用户需求。软件的持续快速迭代需求大大压缩了软件开发的发布流程，使得一部分测试任务开始迁移，由软件开发人员担任的这部分与代码相关的软件测试工作，我们统称为开发者测试。开发者测试包括传统的单元测试、集成测试、接口测试，甚至部分与系统测试相关的任务。

1.1 开发者与软件测试

开发者需要对自己开发的程序代码承担质量责任。在软件质量管理机制下，一般要求开发者首先自行对自己编写的代码进行审查和测试，并保证提交的代码已达到一定的质量标准。开发者测试中的单元测试和集成测试主要采用白盒测试方法，要求测试人员对软件代码非常熟悉。这样的测试任务由软件开发人员来做效率会更高。

1.1.1 测试和调试

在软件开发过程中，开发者需要对程序进行测试和调试。测试和调试极其相关但含义完全不同。简单来说，测试是为了发现缺陷，调试是为了修复缺陷。调试往往需要依赖已有的测试信息或者补充更多测试信息，需要先找出缺陷根源和缺陷的具体位置，再进行修复以消除缺陷。而从职责上说，测试只需要发现缺陷，并不需要修复缺陷。在软件开发过程中，开发者需要同时肩负这两种职责，对自己开发的程序进行测试，发现缺陷并对其进行调试以修复缺陷。调试的过程如图 1-1 所示。

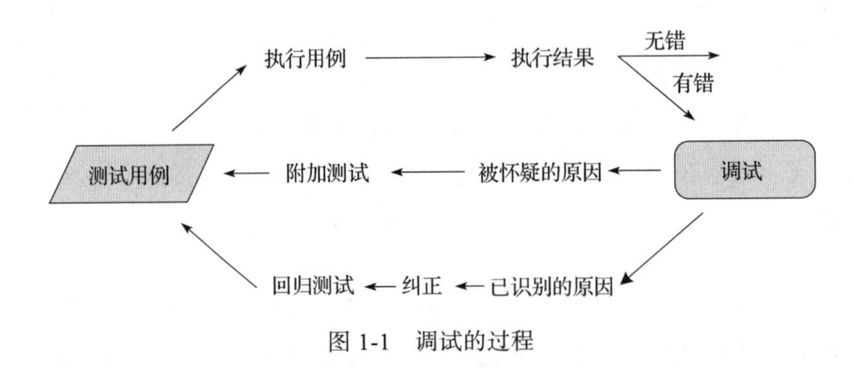

图 1-1　调试的过程

调试时如果已经识别或者找到测试中所发现缺陷的产生原因，就可以直接修复，然后进行回归测试。如果没有找到缺陷的产生原因，可以先假设一个最有可能的原因，并通过附加测试来验证这样的假设是否成立，直到找出原因为止。

调试工作是程序员能力和水平的一个重要体现。软件开发调试有时难度很大，原因如下：1）失效症状和缺陷原因可能相隔很远，高度耦合的程序结构加重了这种情况；2）失效症状可能在另一缺陷修复后消失或暂时性消失；3）失效症状由不太容易跟踪的人为错误引发；4）失效症状可能是由不同原因耦合引发的。因此，程序员有时会因为在调试程序时找不到问题所在，而使软件开发工作陷入困境。

程序调试方法多种多样，更多时候是依赖程序员的经验及其对程序本身的理解。调试方法的具体实施可以借助调试工具来完成，如带调试功能的编译器、动态调试辅助工具“跟踪器”、内存映像工具等。

回溯法是指从程序出现不正确结果的地方开始，沿着程序的运行路径向上游寻找错误的源头，直到找出程序错误的实际位置。例如，程序有 5000 行，测试发现最后输出的结果是错误的，采用回溯法，可以先在第 4500 行插桩，检查中间结果是否正确。若正确，则错误很可能发生在第 4500 ～ 5000 行之间。若不正确，则在第 4000 行插桩，以此类推，直到找出程序错误的具体位置。

1.1.2　开发者测试

从履行职责、提高效率、保护源代码、方便实现等角度来说，开发者需要完成的测试工作主要集中在单元测试和集成测试阶段。程序代码开发出来之后，开发者先对自己开发的代码进行单元测试，然后再把多个已经通过单元测试的模块按照设计书组装起来进行集成测试。当然，在实践中也会出现后期的系统测试需要开发者配合甚至主导的情况。

静态测试与动态测试都是开发者需要掌握的测试方法，在实践中一般将两者结合起来使用。开发者对自己开发的程序代码进行检查，这是静态测试；而开发者运行代码，给定输入数据，检查程序能否正常运行并给出预期结果，则是动态测试。对静态测试存疑的代码部分，加强动态测试进行结果验证，是实践中常用的开发者测试策略。

白盒测试是开发者最主要的测试方法，也是在软件测试工作上体现开发者优势的地方。然而，并不是说开发者测试不需要黑盒测试方法。恰恰相反，我们建议开发者在实践中对程序代码进行等价类和边界值分析，这有助于提高开发者测试的效率和质量。而在集成测试或者配合一些复杂模块的测试中，开发者也可能会用到灰盒测试等方法。

在开发者测试中，手工测试与自动化测试都会用到。随着软件技术的发展，软件测试的自动化程度会越来越高。开发者在测试中应尽可能通过自动化测试工具来提高测试工作效率。但并不是所有测试工作都能够自动化完成，也不是所有场景都适用自动化测试。

为了提高软件质量和缩短软件项目总工期，测试常常与开发同步进行。研发人员应综合运用多种软件测试方法和技术，针对不同的测试场景合理选择测试方法和工具，并在测试时尽可能采用自动化测试工具来提高软件测试的效率。

总体上，开发者测试一般采取先静态后动态的组合方式：先进行静态结构分析、代码评审，再进行代码的覆盖性测试。利用静态分析的结果作为导引，通过代码评审和动态测试的方式对静态测试结果进行进一步的确认，使测试工作更为有效。代码覆盖测试是白盒测试的重点，通常可采用语句覆盖、分支覆盖等。对于软件的重点模块，可使用逻辑覆盖、路径覆盖、数据流覆盖等更复杂的准则。在不同的测试阶段，测试重点有所不同。在单元测试阶段，以代码审查和语句覆盖为主；在集成测试阶段，需要增加接口测试和模块集成结构分析等。

1.1.3 PIE 模型

软件测试的主要目的之一是发现缺陷。动态测试工作中通常会出现复杂而有趣的现象。假设某个程序中有一行代码存在缺陷，在该软件的某次运行中，这个存在缺陷的代码行并不一定会被执行。即使这存在缺陷的代码被执行，若没有达到某个特定条件，程序状态也不一定会出错。即只有在运行错误代码，并达到某个特定的条件，程序状态出错并传播出去被外部感知后，测试人员才能发现程序中的缺陷。

软件测试的一个基本模型称为 PIE（Propagation-Infection-Execution）模型。PIE 模型对于理解软件测试方法、测试过程、缺陷定位和程序修复等都具有重要作用。在介绍 PIE 模型之前，我们首先理解缺陷在不同阶段的不同名称及其含义：

- Fault（故障）：故障是指静态存在于程序中的缺陷代码，有时也称之为程序缺陷（Defect）。
- Error（错误）：错误是指程序运行缺陷代码后导致的错误状态。
- Failure（失效）：失效是指程序错误状态传播到外部被感知的现象。

针对缺陷不同阶段的性质，我们可以构建一个 PIE 模型来解释缺陷产生的整体过程。PIE 提示我们，发现一个缺陷需要满足以下三个必要条件：

1）Execution（运行）：测试必须运行到包含缺陷的程序代码。

2）Infection（感染）：程序必须被感染出一个错误的中间状态。

3）Propagation（传播）：错误的中间状态必须传播到外部并被观察到。

上述三个条件是缺陷被检测出来的必要条件，三个必要条件组合成检测出缺陷的充分条件，即充要条件。我们不难理解，一个测试满足条件 1 不一定能满足条件 2，即测试运行到包含缺陷的代码，但不一定能感染出错误的中间状态。一个测试满足条件 2 不一定能满足条件 3，即测试能感染出错误的中间状态（当然也运行到了包含缺陷的代码），但不一定能成功传播出去并被测试人员发现。

为了进一步理解这些现象，以图 1-2 中的示例程序 MY_AVG 来进行说明。程序语句 s_4 存在缺陷，循环控制变量 i 的初值应为 0，而不是 1。

s_0	`public static void MY_AVG(int[] numbers) {`
s_1	`    int length = numbers.length;`
s_2	`    double V_avg, V_sum;`
s_3	`    V_sum = 0.0;`
s_4	`    for(int i=1; i<length; i++) {    // Fault: i 初始值应为 0`
s_5	`        V_sum += numbers[i];`
s_6	`    }`
s_7	`    V_avg = V_sum / (double) length;`
s_8	`    System.out.println("V_avg:"+V_avg);`
s_9	`}`

图 1-2　一个示例程序 MY_AVG

在程序的某次运行中，调用了上述代码段 MY_AVG，并输入测试数据 0，4，5，预期（正确）输出结果是 3。程序运行到了 s_4（条件 1 满足），中间变量 V_sum 应该为 0 + 4 + 5 = 9。由于缺陷导致数组第一个数字“0”被遗漏，中间变量 V_sum 为 4 + 5 = 9（条件 2 不满足）。但由于 0 的累加不影响最终结果，最终的平均值为 3，与预期输出结果一致。

我们将上述程序做一下微调，缺陷依然是循环初值 1，如图 1-3 所示。

s_0	public static void MY_AVG(int[] numbers) {
s_1	int n;
s_2	double V_avg, V_sum;
s_3	V_sum = 0.0;
s_4	n = 0;
s_5	for(int i=1; i<length; i++) { **//Fault: i 初始值应为 0**
s_6	V_sum += numbers[i];
s_7	n++;
s_8	}
s_9	V_avg = V_sum / (double) n;
s_{10}	System.out.println("V_avg:"+V_avg);
s_{11}	}

图 1-3　简单修改后的示例程序 MY_AVG

在程序的某次运行中，调用了上述代码段 MY_AVG，并输入测试数据 4，3，5，预期（正确）输出结果是 4。程序运行到了语句 s_4（条件 1 满足），中间变量 V_sum 应该为 4 + 3 + 5 = 12。由于缺陷导致数组第一个数字“4”被遗漏，中间变量 V_sum 为 3 + 5 = 8（条件 2 满足）。但个数变量 n 的累加也减少了 1，即 n 原来应该为 3，现在是 2（条件 2 满足）。这两个错误的中间状态叠加后，V_avg = 12/3 = 8/2 = 4，导致最终结果正确（条件 3 不满足）。

PIE 模型表明发现 Bug 并不是一件容易的事情。要全面发现软件 Bug，不仅需要针对特定需求和软件特性进行测试设计，还需要学会利用不同的软件测试方法，如有效地结合使用白盒测试和黑盒测试方法。

1.2　开发者测试方法与技术

软件测试方法有很多分类。本节仅介绍与开发者测试相关的分类。软件测试依据是否需要运行程序可以分为静态测试与动态测试，依据是否需要了解软件内部结构可以分为黑盒测试和白盒测试。

1.2.1　静态测试与动态测试

静态测试不运行被测程序，而是手工或者借助专用的软件测试工具来检查软件文档或程序是否符合标准、度量程序静态信息、审查软件中的问题和不足，以降低软件缺陷的出现概率。在学术文献中，静态测试不归于传统软件测试，通常称为静态分析。

针对源程序的静态测试主要包括代码评审、代码结构分析、代码质量度量等。静态分析可以由单人、结对或者团队进行代码人工检查，也可以借助静态检查工具自动分析并辅助人工对分析结果进行审核。

代码评审通常在动态测试之前进行。在审查前，应准备好需求描述文档、程序设计文档、源代码清单、代码编码标准和代码缺陷检查表等。在实践中根据检查流程和操作细节不同，代码评审可以细分为代码走查、桌面检查、代码审查等。代码评审主要检查代码与设计的一致性、代码对标准的遵循情况、代码的可读性、代码逻辑表达的正确性、代码结构的合理性等方面。代码评审项目包括变量检查、命名和类型审查、程序逻辑审查和程序结构检查等。

动态测试是指通过运行被测程序，输入测试数据，检查运行结果与预期结果是否相符来检验被测程序的功能是否正确。传统的软件测试通常指的是动态测试。测试用例是动态测试中的关键所在。测试用例至少要包含两方面内容：测试输入数据和测试预期输出。动态测试通过对待测程序输入测试数据，收集实际的测试输出，并与预期输出进行对比做出结果判断。在实际应用中，一个测试用例还可能包括测试环境、测试步骤、测试脚本、历史关联等信息。测试用例信息的完善有利于测试人员运行和分析相关任务，也有利于后期软件测试及相关开发流程的自动化实施。

静态测试具有发现缺陷早、加快调试过程等优点。但即使是经验丰富的开发者，人工开展静态测试也会消耗大量时间成本。在实践中，通常采用静态测试工具，这些工具不运行程序代码，却能够在很短时间完成程序的扫描分析，因而成本很低。然而由于不实际运行程序，静态测试工具常常会产生大量误报，给审查工作带来极大的挑战。动态测试需要运行程序，成本较高，但对测试结果具有很高的确认度。我们通常采用静态测试进行代码分析，结合动态测试对静态测试结果进行筛选审查。通过动静态技术的结合，既降低了测试成本，又提高了测试精度，这是未来软件测试的发展趋势。

1.2.2 黑盒测试与白盒测试

黑盒测试是不需要了解软件内部结构的测试方法的统称。待测程序被看作一个黑盒子，不考虑程序的内部结构和特性，测试者只知道该程序输入和输出之间的关系，依靠这些关系确定测试用例，然后运行程序，检查输出结果的正确性。

例如，一个程序的功能是输入一个数 x，输出这个数的两倍 y。如果对它进行黑盒测试，那么我们并不需要知道程序内部是使用加法（$y = x + x$），还是使用乘法（$y = x * 2$），或者其他方法来求得一个数的两倍。我们只需要通过输入一个数 2 并看结果是否等于 4 这种简单易行的方法来检查程序运行结果是否正确。最常用的黑盒测试方法是等价类测试和边界值测试，想了解这方面的详细信息读者可以参阅其他测试教材或参考书。

白盒测试是需要了解软件内部结构的测试方法的统称。它把待测程序看成一个可以透视的盒子，能看清楚盒子内部的结构以及它是如何运作的。白盒测试依赖于对程序内部结构的分析，针对特定条件或要求设计测试用例，对软件的逻辑路径进行测试。白盒测试可以在程序的不同位置检验程序状态以判定其实际情况是否与预期的状态相一致。最常用的白盒测试方法是程序代码的覆盖测试，我们将在后面章节详细阐述。

黑盒测试多是动态测试，因为黑盒测试一般需要运行待测程序。白盒测试既有静态测试（如代码评审、静态结构分析等），也有动态测试（如逻辑覆盖测试等）。动态测试有可能是黑盒测试（如根据软件规格说明书进行功能测试），也有可能是白盒测试（如针对源程序进行逻辑覆盖测试）。

在黑盒测试与白盒测试之间还有一种方法，称为灰盒测试。灰盒测试是指只有部分程序代码信息的测试方法。例如，我们对程序进行反编译以后获取了部分代码信息，针对这部分代码信息，我们很难完全采用白盒测试方法。这时候通常需要结合一些黑盒测试方法以完成完整的测试。还有一类情况可采用灰盒测试方法，即在做黑盒测试时，有时候输出是正确的，但内部其实已经出错。为了进行更加完整的测试，我们不需要完整的程序代码信息，但需要对程序内部状态进行监测，借助一些白盒测试方法以辅助完成有效的黑盒测试。

1.2.3　失效重现

当测试发现软件 Bug，即发现了软件失效后，开发者需要重现失效以进行失效理解和缺陷修改。失效重现并不是一件容易的事情。一个软件失效除了与缺陷代码有关外，还可能有很多我们没有注意到的因素，如环境、配置等。软件失效依赖的因素有很多，有些失效出现的概率很小，但一旦满足了确切条件，失效还是会再次重现的。

失效重现是调试和缺陷修复的重要基础。我们通常要求测试人员尽可能详细地描述失效的测试步骤和失效特性，这样做一方面是为了提高失效重现的概率，另一方面是为调试提供更加充分的信息。

有些软件失效非常微妙和隐蔽，重现具有很大的难度。当我们难以重现失效时，可以考虑以下情况：首先审视那些可能被遗忘的细节，如原始数据、原始环境；还需要考虑失效是否依赖时间、内存、网络、传感器（GPS 等）及其他资源；对于并发程序尤其需要考虑并发调度及其竞争条件。

1.3　开发者测试工具

1.3.1　静态测试扫描工具

当前存在大量静态测试（又称静态分析）工具，包括开源和非开源的工具。本小节简要介绍四种常用的开源静态测试工具 Checkstyle、FindBugs、PMD、P3C。

Checkstyle 是 SourceForge 的开源项目，通过对代码编码格式、命名约定、Javadoc、类设计等方面进行代码规范和风格的检查，有效约束开发人员更好地遵循代码编写规范。Checkstyle 提供了支持大多数常见 IDE 的插件，本书主要使用

Eclipse 中的 Checkstyle 插件。Checkstyle 对代码进行编码风格检查，并将检查结果显示在 Problems 视图中，开发人员可在 Problems 视图中查看错误或警告详细信息。此外，Checkstyle 支持用户根据需求自定义代码评审规范，用户可以在已有检查规范如命名约定、Javadoc、块、类设计等方面的基础上添加或删除自定义检查规范。具体页面如图 1-4 所示。

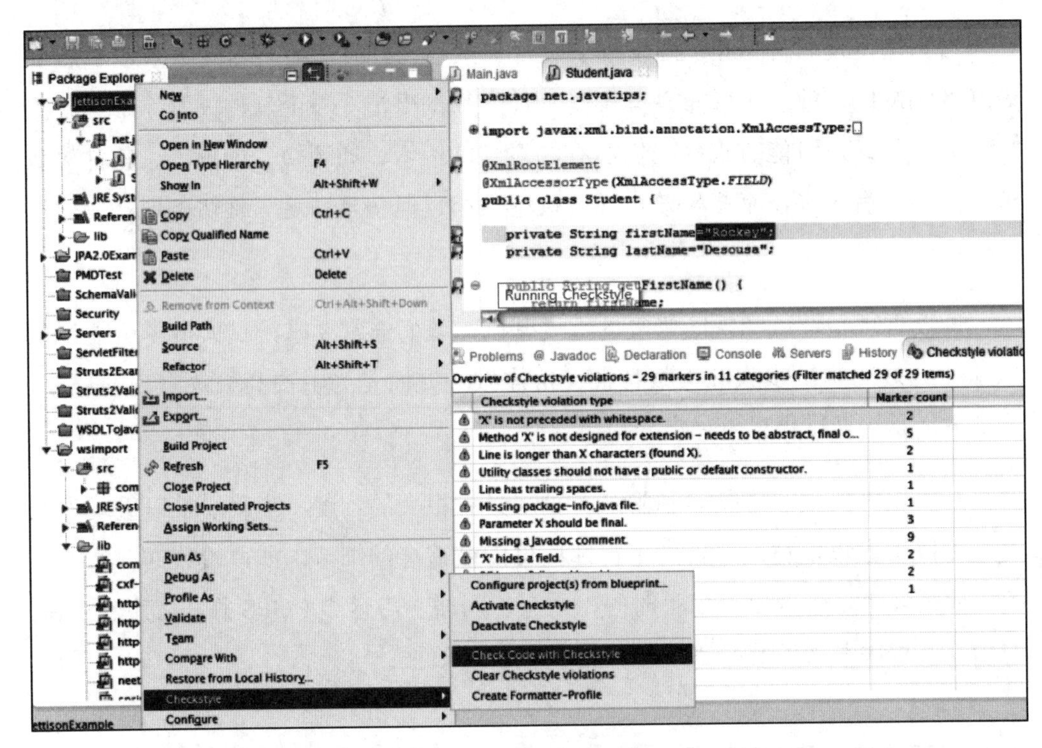

图 1-4 Checkstyle 页面展示

FindBugs 是由马里兰大学提供的一款开源 Java 静态代码分析工具。FindBugs 通过检查类文件或 JAR 文件，将字节码与一组缺陷模式进行对比来发现代码缺陷，完成静态代码分析。FindBugs 既提供可视化 UI 界面，同时也可以作为 Eclipse 插件使用。在安装成功后会在 Eclipse 中增加 FindBugsperspective，用户可以对指定 Java 类或 JAR 文件运行 FindBugs，此时 FindBugs 会遍历指定文件，进行静态代码分析，并将代码分析结果显示在 FindBugsperspective 的 Bug Explorer 中。此外，FindBugs 还为用户提供定制 BugPattern 的功能，用户可以根据需求自定义

FindBugs 的代码评审条件。FindBugs 运行结果如图 1-5 所示。

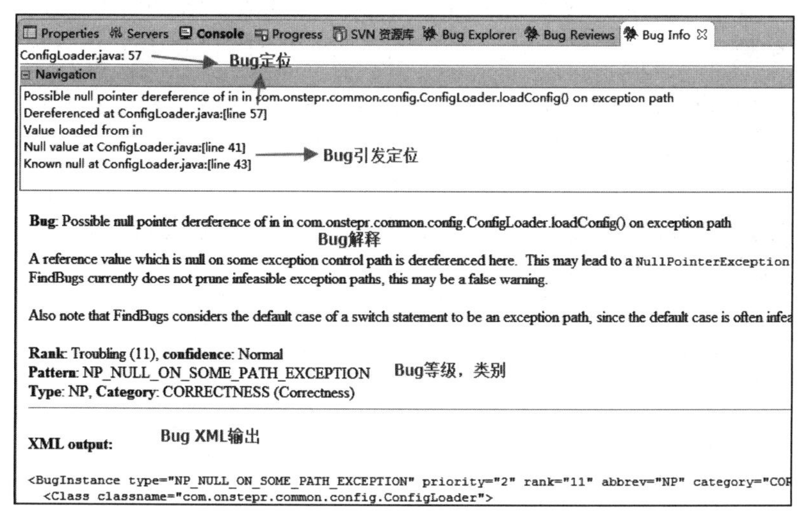

图 1-5　FindBugs 结果页面展示

PMD 是由 DARPA 在 SourceForge 上发布的开源 Java 代码静态分析工具。PMD 通过其内置的编码规则对 Java 代码进行静态检查，主要包括对潜在的缺陷、未使用的代码、重复的代码、循环体创建新对象等问题的检验。PMD 提供了与多种 Java IDE 的集成，如 Eclipse、IDEA、NetBean 等。PMD 同样支持开发人员对代码评审规范进行自定义。PMD 会在其结果页中将检测出的问题按照严重程度依次列出，如图 1-6 所示。

Violations Overview

Element	# Violations	# Violations/...	# Violations/...	Project
net.mooctest	252	1241.4	14.00	JCLO
JCLO.java	252	1241.4	14.00	JCLO
IfElseStmtsMustUseBraces	9	44.3	0.50	JCLO
MethodArgumentCouldBeFinal	20	98.5	1.11	JCLO
AvoidInstantiatingObjectsInLoc	1	4.9	0.06	JCLO
ShortClassName	1	4.9	0.06	JCLO
CommentRequired	6	29.6	0.33	JCLO
ConfusingTernary	3	14.8	0.17	JCLO
PositionLiteralsFirstInCaseInser	2	9.9	0.11	JCLO
UselessParentheses	15	73.9	0.83	JCLO
BeanMembersShouldSerialize	5	24.6	0.28	JCLO
OnlyOneReturn	15	73.9	0.83	JCLO
UseVarargs	3	14.8	0.17	JCLO
DoNotCallSystemExit	1	4.9	0.06	JCLO

图 1-6　PMD 结果页面展示

P3C 项目组是由阿里巴巴开发爱好者自发组织形成的虚拟项目组，他们根据《阿里巴巴 Java 开发手册》实现了一个 Java 开发规约插件 P3C，用于扫描代码中的潜在隐患。如图 1-7 所示，在扫描后，P3C 可将代码中不符合规约的部分按 Blocker/Critical/Major 三个等级进行显示。P3C 具有良好的可扩展性，支持在 Intellij IDEA、Eclipse 等开发环境中部署和使用。

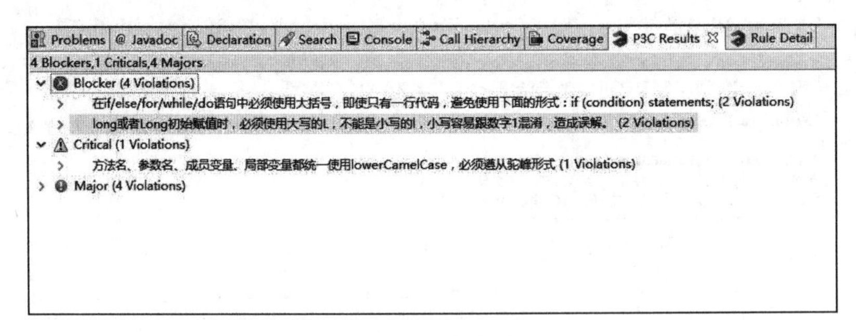

图 1-7 P3C 规约提示

1.3.2 测试覆盖分析工具

覆盖是开发者测试重要的工作度量和测试引导方式。本小节简要介绍一下常用的 Java 开源测试覆盖率工具 JaCoCo、JCov 和 Cobertura。

JaCoCo（Java Code Coverage）是一种分析单元测试覆盖率的工具，使用它运行单元测试后，可以给出代码中哪些部分被单元测试测到了，哪些部分没有被测到，并且给出整个项目的单元测试覆盖情况百分比，看上去一目了然。JaCoCo 是作为 EMMA 的替代品被开发出来的，可以看作 EMMA 的升级版，它可以集成到 Ant、Maven 中，也可以使用 Java Agent 技术监控 Java 程序，并提供了各种版本插件以供 Eclipse、IntelliJ IDEA、Gradle、Jenkins 等平台使用。Eclipse 使用不同的颜色来表示测试结果中的不同情况，如图 1-8 所示。

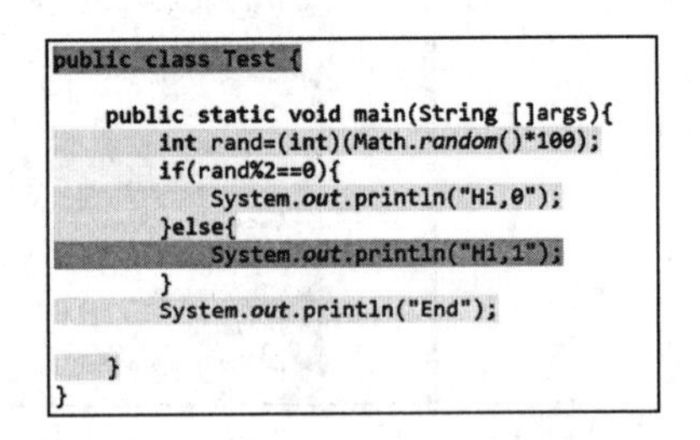

图 1-8 不同颜色表示不同覆盖情况

在图 1-8 中我们可以看到，JaCoCo 将代码进行不同的着色表示不同的覆盖情况：标注红色表示测试未覆盖，标注绿色表示测试已覆盖，标注黄色表示分支测试部分覆盖（if、switch）。同时 JaCoCo 具备完整的图形页面来进行分数的展示，如图 1-9 所示。

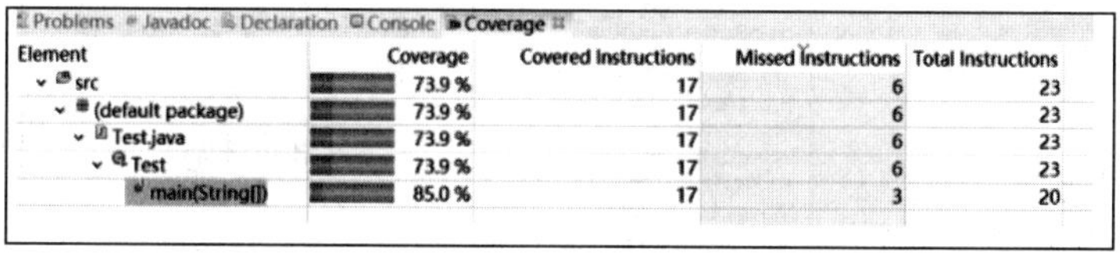

Problems Javadoc Declaration Console Coverage

Element	Coverage	Covered Instructions	Missed Instructions	Total Instructions
src	73.9 %	17	6	23
(default package)	73.9 %	17	6	23
Test.java	73.9 %	17	6	23
Test	73.9 %	17	6	23
main(String[])	85.0 %	17	3	20

图 1-9　JaCoCo 分数展示页面

JCov 由 Sun JDK 开发，用于收集与测试套件生产相关的质量指标。自 1.1 版本开始，JCov 就可以对 Java 代码覆盖进行测试和报告了。JCov 由 Java 实现，它提供了一种方法来测量和分析 Java 程序的动态代码覆盖率。JCov 提供了指令覆盖、分支覆盖、方法覆盖和未被覆盖运行路径的显示功能，也能够显示一个程序的源代码注释覆盖信息。从测试的角度来看，JCov 对于确定测试套件的运行路径是非常有用的。JCov 支持 JDK 1.0 及更高版本（包括 JDK 8）、CDC/CLDC 1.0 及更高版本，以及 JavaCard 3.0 及更高版本的应用程序。JCov 在易用性上稍差，主要是通过运行 Ant 来进行相关的配置，不过 JCov 同样具备可视化的 HTML展示页面，如图 1-10 所示。

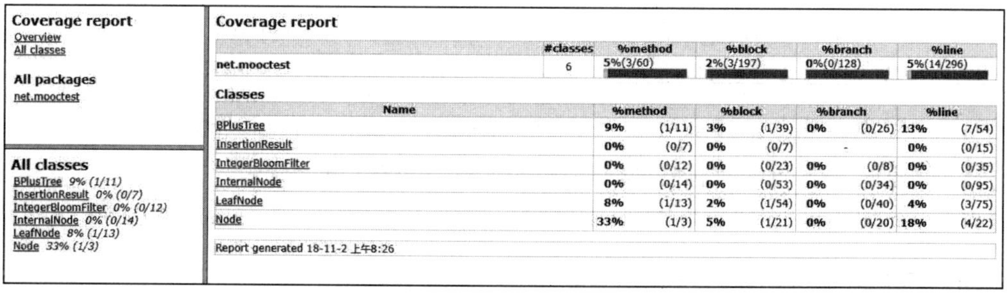

Coverage report
Overview
All classes

All packages
net.mooctest

All classes
BPlusTree 9% (1/11)
InsertionResult 0% (0/7)
IntegerBloomFilter 0% (0/12)
InternalNode 0% (0/14)
LeafNode 8% (1/13)
Node 33% (1/3)

Coverage report

	#classes	%method	%block	%branch	%line
net.mooctest	6	5%(3/60)	2%(3/197)	0%(0/128)	5%(14/296)

Classes

Name	%method		%block		%branch		%line	
BPlusTree	9%	(1/11)	3%	(1/39)	0%	(0/26)	13%	(7/54)
InsertionResult	0%	(0/7)	0%	(0/7)	-		0%	(0/15)
IntegerBloomFilter	0%	(0/12)	0%	(0/23)	0%	(0/8)	0%	(0/35)
InternalNode	0%	(0/14)	0%	(0/53)	0%	(0/34)	0%	(0/95)
LeafNode	8%	(1/13)	2%	(1/54)	0%	(0/40)	4%	(3/75)
Node	33%	(1/3)	5%	(1/21)	0%	(0/20)	18%	(4/22)

Report generated 18-11-2 上午8:26

图 1-10　JCov 结果展示页

Cobertura 是一款开源测试覆盖率统计工具，它与单元测试代码结合，标记并分析在测试包运行时运行了哪些代码和没有运行哪些代码，以及所经过的条件分支，从而测量测试覆盖率。除了找出未测试到的代码并发现 Bug 外，Cobertura 还可以通过标记无用的、运行不到的代码来优化代码，最终生成一份美观详尽的

HTML 覆盖率检测报告，如图 1-11 所示。

Packages

All
exs.res
exs.res.process
exs.res.process.egencia

exs.res.process.egencia

Classes

MockBaseServer (0%)
MockWCDBConnFactory (0%)
MockWCTableService (0%)
WCDocumentPnrEgencia (88%)
WCEgenciaFetchTask (82%)
WCPnrProcessEgencia (93%)

Coverage Report - exs.res.process.egencia

Package	# Classes	Line Coverage	
exs.res.process.egencia	7	68%	464/67[illegible]

Classes in this Package	Line Coverage		Br
MockBaseServer	0%	0/118	
MockTableFactory	0%	0/20	
MockWCDBConnFactory	0%	0/31	
MockWCTableService	0%	0/2	
WCDocumentPnrEgencia	88%	45/51	
WCEgenciaFetchTask	82%	39/47	
WCPnrProcessEgencia	93%	380/406	

Report generated by Cobertura trunkv794-svn on 6/8/13 10:55 AM.

图 1-11 Cobertura 结果展示页

Cobertura 虽然没有提供 Eclipse、IntelliJ IDEA 等平台的定制插件，但也对 Maven、Gradle、Ant 提供了支持。同时 Cobertura 提供了可定制的包、类、函数过滤方法，因而可以定制相应的测试部分，如图 1-12 所示。

Coverage Report - exs.res.process.egencia

Package	# Classes	Line Coverage		B
exs.res.process.egencia	3	92%	464/504	

Classes in this Package	Line Coverage		Bran
WCDocumentPnrEgencia	88%	45/51	
WCEgenciaFetchTask	82%	39/47	
WCPnrProcessEgencia	93%	380/406	

Report generated by Cobertura trunkv794-svn on 5/30/13 10:29 PM.

图 1-12 Cobertura 过滤结果展示页

1.4 开发者测试趋势

1.4.1 软件开发和运营困境

很多组织将开发和系统管理划分成不同的部门。开发部门的驱动力通常是频繁交付新特性，而运营部门则更关注 IT 服务的可靠性和 IT 成本投入的效率。两者目标的不匹配在开发与运营部门之间造成了鸿沟，从而减慢了 IT 交付业务价值的速度。

开发人员经常不考虑自己写的代码会对运营造成什么影响。他们在交付代码之前，很少邀请运营人员参与架构决策或代码评审；开发人员对配置或环境进行修改之后，也经常会因为没有及时与运营人员沟通，导致新的代码不能运行；开发人员在自己的机器上手工修改配置，却有记录所有需要的步骤；而运营人员想找到需要的参数配置，通常需要尝试很多不同的参数组合。

开发人员倾向于使用有利于快速开发的工具，如对代码修改实现更快的反馈、更低的内存消耗等。这样的工具集与运营人员面对的目标运行时环境非常不同，后者对稳定性和性能的要求远胜于灵活性。由于开发人员平时使用桌面计算机，他们倾向于使用为桌面用户优化的操作系统，而生产环境的运行时系统通常都运行在服务器操作系统上。在开发过程中，系统在开发者的本地机器上运行；而在运营过程中，系统经常分布在多台服务器上，如 Web 服务器、应用服务器、数据库服务器等。

开发是由功能性需求（通常与业务需求直接相关）驱动的，运营是由非功能性需求（如可获得性、可靠性、性能等）驱动的。运营人员希望尽量避免修改功能，从而降低满足非功能性需求的风险；如果运营人员拒绝了小的修改，但给定时间段内需要修改的总量不变，那么每次变更的规模就会变大；变更规模越大，风险也越高，因为其中涉及的区域越多；而由于运营人员尝试避免变更，新功能流入生产环境的速度因此被延缓，从而延缓了开发人员将特性交付给用户使用的速度。运营人员可能对应用程序内部缺乏了解，从而难以正确地选择运行时环境和发布流程；而开发人员可能对运行时环境缺乏了解，从而难以正确地对代码进行调整。

企业在开发过程中希望产品更新更小、更频繁，从而降低更新风险。因此，开发人员应更多地控制生产环境的复杂度，更多地以应用程序为中心来理解基础设施。产品的流程尽量定义得简洁明了，所有流程尽量自动化，以促进开发与运营的协作。

一般而言，当企业希望将原本笨重的开发与运营之间的工作移交过程变得流畅无碍时，他们通常会遇到以下三类问题：

1）发布管理问题：很多企业有发布管理问题。他们需要更好的发布计划方法，而不只是一份共享的电子数据表。他们需要清晰了解发布的风险、依赖、各阶段的入口条件，并确保各个角色遵守既定流程行事。

2）发布 / 部署协调问题：有发布 / 部署协调问题的团队需要关注发布 / 部署过程中的运行。他们需要更好地跟踪发布状态，更快地将问题上升，严格执行流程控制和细粒度的报表。

3）发布 / 部署自动化问题：这些企业通常有一些自动化工具，但他们还需要以更灵活的方式来管理和驱动自动化工作——不必要将所有手工操作都在命令行中加以自动化。在理想情况下，自动化工具应该能够在非生产环境下由非运营人员使用。

1.4.2　DevOps 介绍

在很多企业中，应用程序发布是一项涉及多个团队、压力很大、风险很高的活动。然而在具备 DevOps 能力的组织中，应用程序发布的风险很低。与传统大规模、不频繁的发布（通常以季度或年为单位）相比，敏捷方法大大提升了发布频率（通常以天或周为单位）。与传统的瀑布式开发模型相比，采用敏捷或迭代式开发意味着更频繁的发布、每次发布包含的变化更少。由于经常部署，因此每次部署不会对生产系统造成巨大影响，应用程序会以平滑的速率逐渐生长。

DevOps 是 Development 和 Operations 的组合词，通常看作敏捷开发的延续，其重视软件开发人员（Dev）和 IT 运维技术人员（Ops）之间的沟通合作，将敏捷精神由开发阶段拓展到构建、测试、发布等过程，达到快速响应变化、交付价值的目的。DevOps 依靠强有力的发布协调人来弥合开发与运营之间的技能鸿沟和沟通鸿沟；采用电子数据表、电话会议、即时消息、企业门户（WiKi、SharePoint）等协作工具来确保所有相关人员理解变更的内容并全力合作。同时，DevOps 还采用了强大的部署自动化手段以确保部署任务的可重复性、减少部署出错的可能性。

传统组织将开发、IT 运营和质量保障设为各自分离的部门。部门隔离带来管理简单的同时，给软件开发整体生产链带来极大挑战——开发的内容难以完成有效测试和运维。在互联网环境下如何采用新的开发模式是一个重要的课题。对于以前的开发模式，开发和部署不需要 IT 支持或者 QA 深入的跨部门支持，而现在我们需要极其紧密的多部门协作。DevOps 不是简单的开发与运维的结合，它是一套针对这几个部门间沟通与协作问题的流程和方法。

DevOps 的引入对产品交付、测试、功能开发和维护产生意义深远的影响。在缺乏 DevOps 能力的组织中，开发与运营之间常常存在信息鸿沟：运营人员要求更好的可靠性和安全性，开发人员则希望基础设施响应更快，而业务用户的需求则是更快地将更多的特性发布给最终用户使用。

DevOps 经常被描述为开发团队与运营团队之间更具协作性、更高效的关系。由于团队间协作关系的改善，整个组织的效率因此得到提升，伴随频繁变化而来的生产环境的风险也能因此降低。

1.4.3 DevOps 中的开发者测试

在当前环境下，基于敏捷的要求，企业不仅仅要求传统的测试人员进行测试，开发者也需要对自己的代码负责，进行一定水准的测试。开发者在本地进行测试后，应将代码提交服务器进行自动化的集成测试。相较于以往的测试，现在的开发者测试需要更多的依赖多样化的自动化测试工具，使用自动化测试来提高开发者测试的效率。自动化测试能够有效提高开发和运维的效率，开发者可以很快获得自动化测试的结果，并根据自动化测试的情况对自己的代码进行更正。

作为测试人员，简单测试工具的使用已经无法满足现阶段的需求。测试人员需要充实自己的知识库。无论是静态扫描还是动态的覆盖检测，测试人员都需要有一定的了解，并将自动化测试工具集成到现有系统之中，减轻自身压力，提高测试效率，同时也提高了开发效率。

在这个快速变化发展的时代，任何一款产品想要在市场中具备竞争力，必须能够快速适应和应对变化，并要求产品开发过程具备快速持续的高质量交付能力。而要做到快速持续的高质量交付，自动化测试必不可少。同时，自动化测试也不是用代码或者工具替代手工测试那么简单，它有了新的特点和趋势：针对不同的产品开发技术框架有着不同的自动化技术支持，针对不同的业务模式需要不同的自动化测试方案，从而使得自动化测试有着更好的可读性、更低的实现成本、更高的运行效率和更有效的覆盖率。

自动化测试工具云集，但实践自动化应避免冲动，需要重视以下几点：综合考虑项目技术栈和人员能力，采用合适的框架来实现自动化；结合测试金字塔和项目具体情况，考虑合适的测试分层，能够在底层测试覆盖的功能点一定不要放到上层的端到端测试来覆盖；自动化测试用例设计需要考虑业务价值，尽量从用户真实使用的业务流程 / 业务场景来设计测试用例，让自动化优先覆盖到最关键的用户场景；同等看待测试代码和开发代码，让其作为产品不可分割的一部分。

测试环境的准备在过去是一个比较麻烦和昂贵的工作，很多组织由于没有条件准备多个测试环境，导致测试只能在有限的环境下进行，从而可能遗漏一些非常重要的缺陷，总之测试的成本和代价很高。随着云技术的发展，多个测试环境不再需要大量昂贵的硬件设备来支持，加上以 Docker 为典范的容器技术生态系统也在逐步成长和成熟，创建和复制测试环境变得简单多了，成本也大大降低。

另外是大量开源工具的出现，这些工具往往都是轻量级的，简单易用，相对于那些重量级的昂贵的测试工具更容易被人们接受。测试工作有了这些开源工具的帮助将更加全面、真实地覆盖到要测试的平台、环境和数据，将加快测试速度、降低测试成本。更重要的一点，有了这些工具，测试人员能够腾出更多的时间来做测试设计和探索性测试等更有意思的事情，使得测试工作变得更加有趣。在企业级应用中，对组件进行良好的测试至关重要，尤其是对于服务的分离和自动化部署这两个关系到微服务架构是否成功的关键因素，我们更需要合适的工具来对其进行测试。

1.5 慕测开发者测试

作为测试教育的推广者，慕测提供了一整套包含 JaCoCo 覆盖工具、PITest 变异工具及其他分析功能的开发者测试方案，以便广大测试专业的师生有效提高开发者测试专业水准。首先我们进入慕测官网（www.mooctest.net），并进行相应的注册和登录，如图 1-13 所示。

图 1-13　进入慕测官网

进行登录操作后可以看到工具下载的选项，如图 1-14 所示。

用户根据计算机系统的版本和自身计算机的配置情况选择不同的 Eclipse 版本进行下载，用户也可以单独下载插件安装到本地 Eclipse，如图 1-15 所示。

配置好 Java 环境并解压运行 Eclipse.exe，如图 1-16 所示。

除了下载 Eclipse 外，正常运行慕测的插件还需要 JDK 和 Maven 环境的支持。JDK 的配置较为简单，下面介绍一下 Maven 的安装配置，用户需要登录 Maven 官网（http://maven.apache.org），下载 Maven 最新版本的压缩包，并解压到本地，如图 1-17 和图 1-18 所示。

在完成下载解压操作后，还需配置环境变量来使 Maven 失效，环境变量的配置如图 1-19 所示。

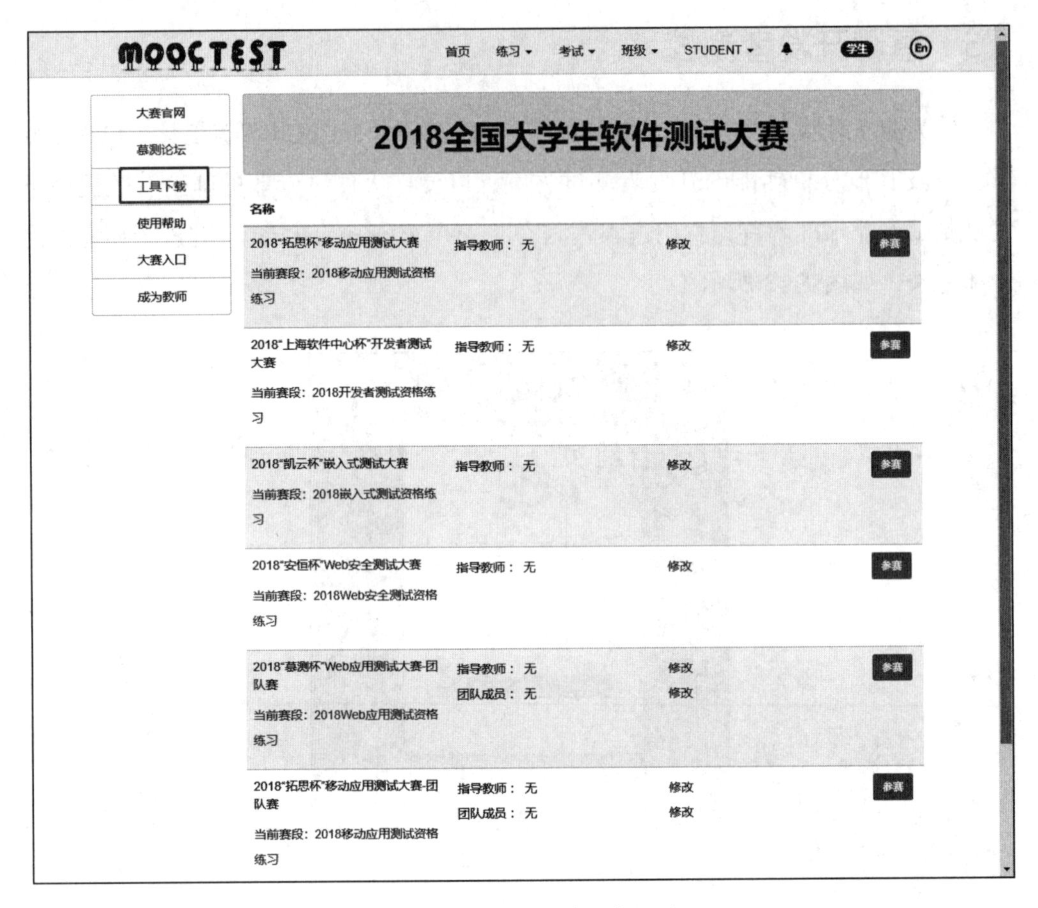

图 1-14　慕测客户端下载目录

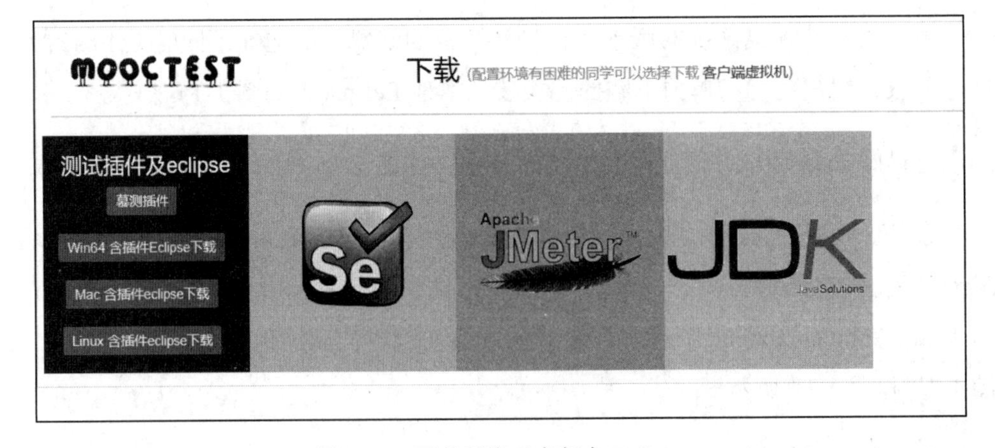

图 1-15　下载系统对应版本 Eclipse

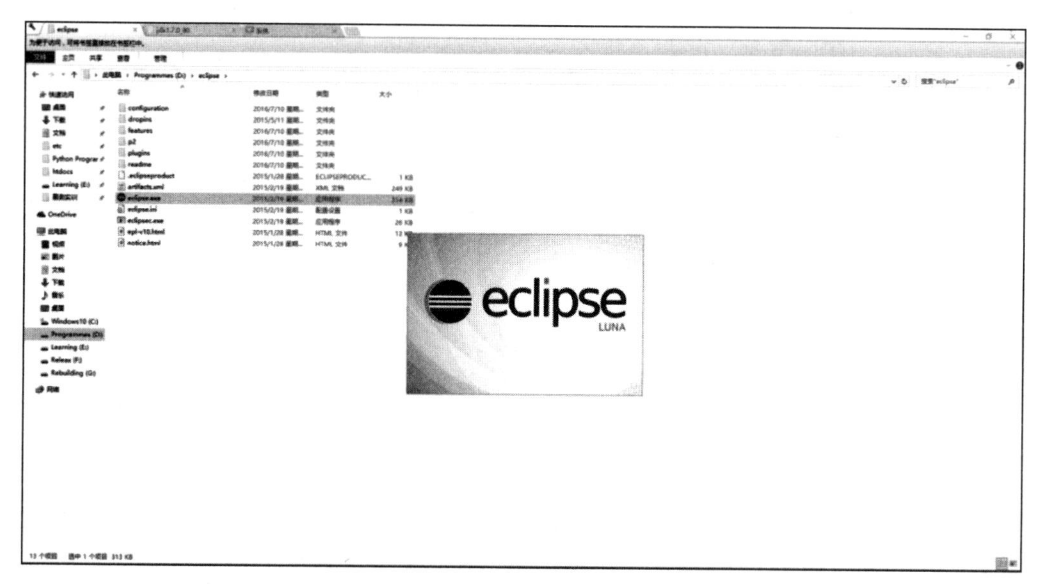

图 1-16　解压并运行 Eclipse

Files

Maven is distributed in several formats for your convenience. Simply pick a ready-made binary distribution archive and follow the installation instructions. Use a source archive if you intend to build Maven yourself.

In order to guard against corrupted downloads/installations, it is highly recommended to verify the signature of the release bundles against the public KEYS used by the Apache Maven developers.

	Link	Checksum	Signature
Binary tar.gz archive	apache-maven-3.3.9-bin.tar.gz	apache-maven-3.3.9-bin.tar.gz.md5	apache-maven-3.3.9-bin.tar.gz.asc
Binary zip archive	apache-maven-3.3.9-bin.zip	apache-maven-3.3.9-bin.zip.md5	apache-maven-3.3.9-bin.zip.asc
Source tar.gz archive	apache-maven-3.3.9-src.tar.gz	apache-maven-3.3.9-src.tar.gz.md5	apache-maven-3.3.9-src.tar.gz.asc
Source zip archive	apache-maven-3.3.9-src.zip	apache-maven-3.3.9-src.zip.md5	apache-maven-3.3.9-src.zip.asc

图 1-17　Maven 最新版本压缩包下载

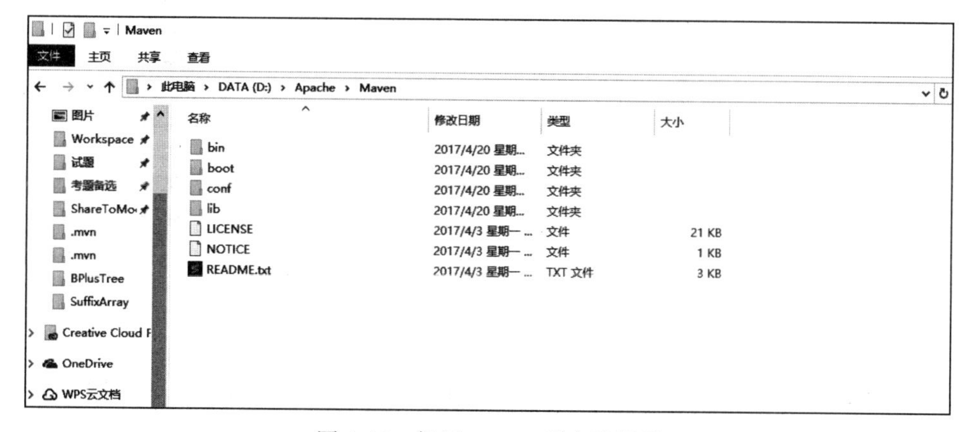

图 1-18　解压 Maven 到本地目录

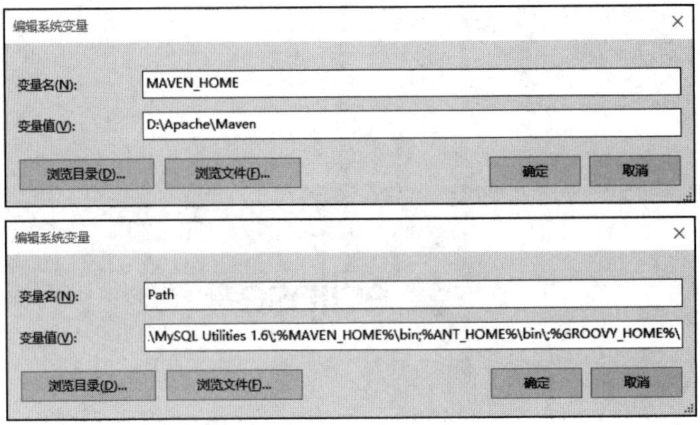

图 1-19　Maven 环境变量的配置

其中，MAVEN_HOME 是用户下载解压的 Maven 地址。在完成基础环境的配置后，用户即可使用 Eclipse 的慕测插件来完成慕测网站的练习。

学生用户登录慕测网站后，单击“参加练习”按钮，进入练习界面，如图 1-20 所示。

图 1-20　进入个人的练习页面

用户单击练习名称以进入具体练习页面，选择“查看详情”和复制个人密钥以登录 Eclipse 中的慕测插件，如图 1-21 所示。

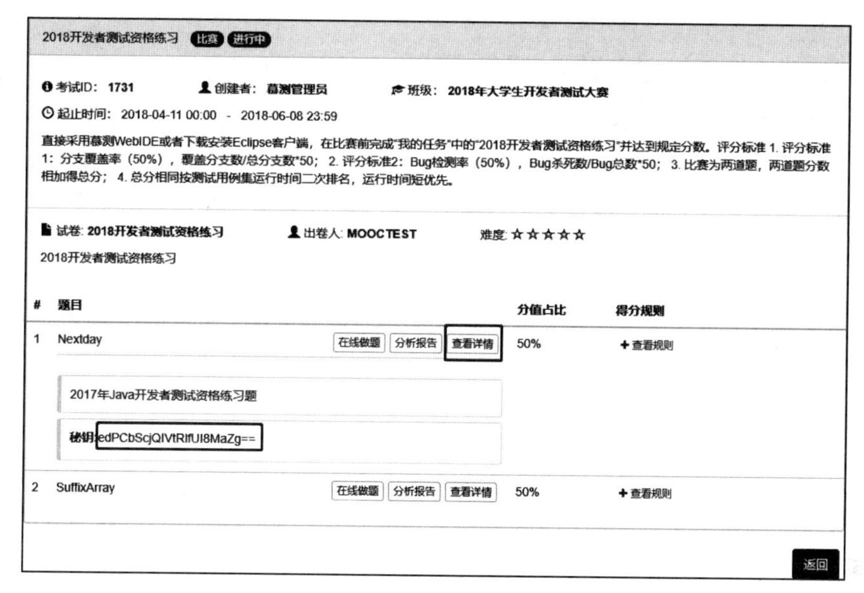

图 1-21　查看及复制个人密钥

打开 Eclipse，在菜单栏选择 MoocTest → Login 目录，如图 1-22 所示。

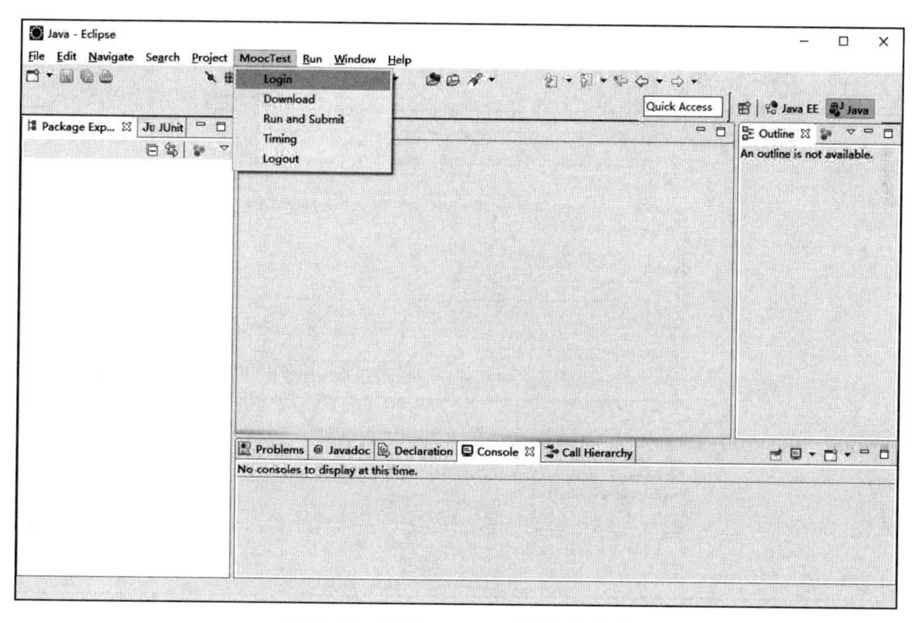

图 1-22　进入 Eclipse 的登录目录

系统会提示清空 Eclipse 原有项目，如图 1-23 所示。

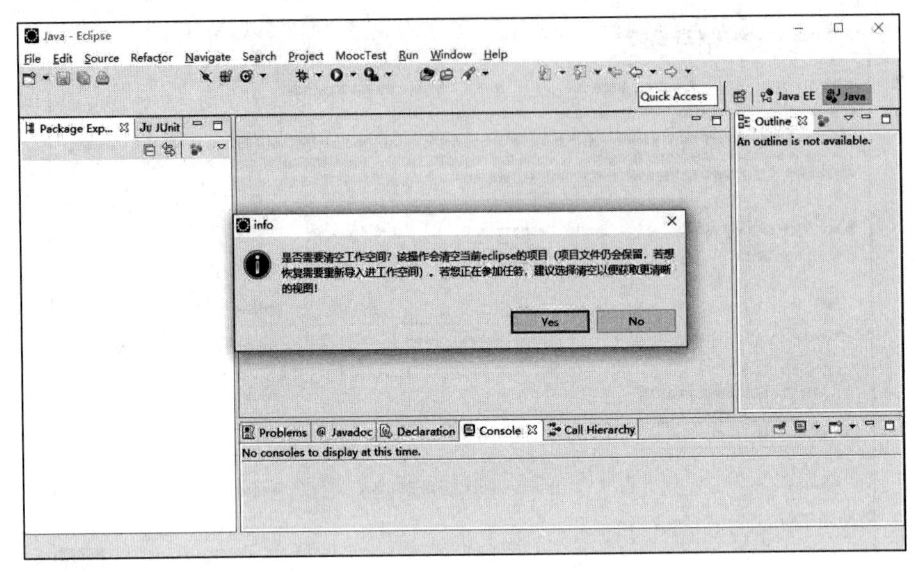

图 1-23　清空 Eclipse 的原有工作目录

在清空现有工作目录之后，系统提示输入登录密码，如图 1-24 所示。

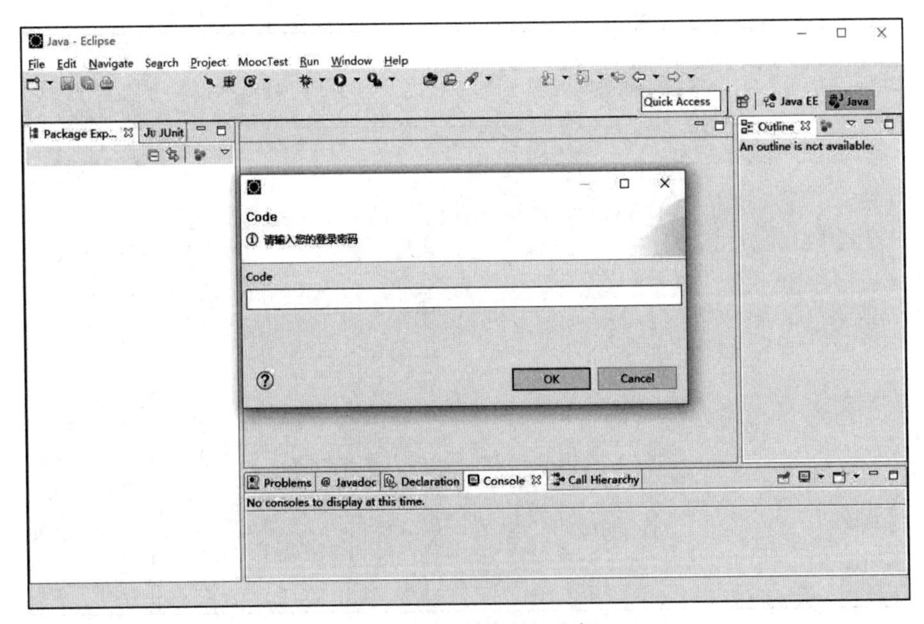

图 1-24　输入复制的密钥

在输入密码登录之后，系统会提示是否登录成功，如图 1-25 所示。

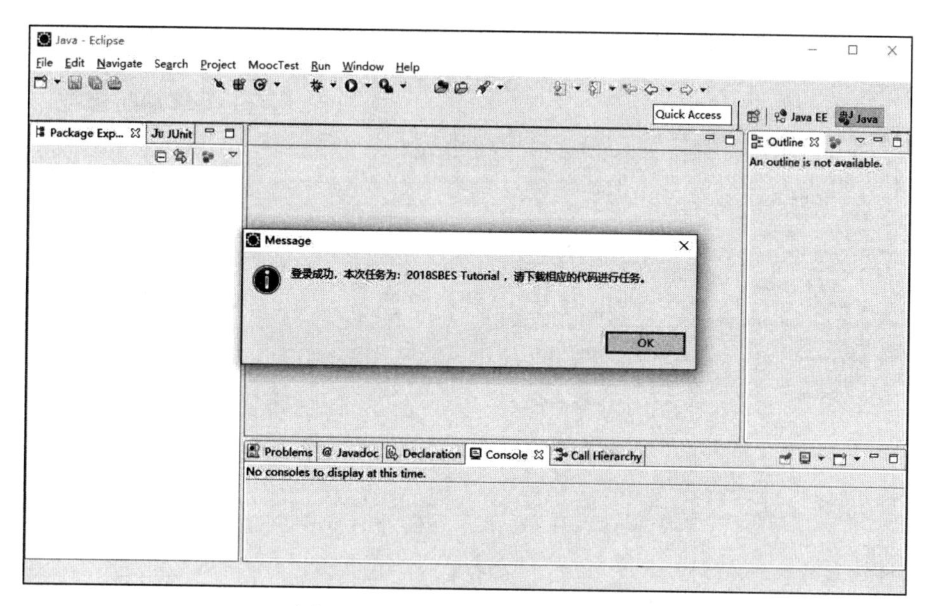

图 1-25　系统提示登录是否成功

进入 Mooctest 目录，选择 Download 下载测试题，如图 1-26 所示。

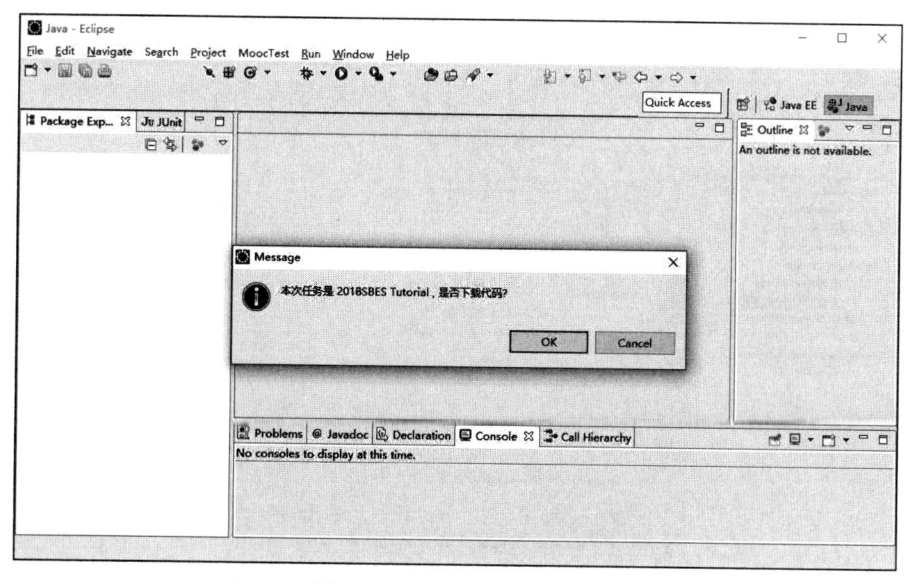

图 1-26　下载最近的测试题

题目下载完成后会自动更新到 Eclipse 的工作目录，如图 1-27 所示。

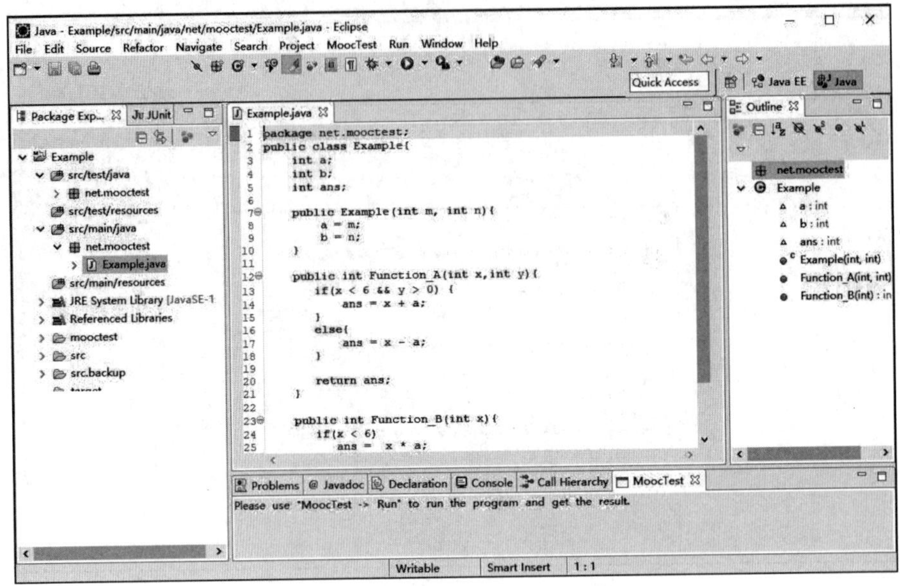

图 1-27　系统自动更新试题到工作目录

在程序编写完成后，选择 MoocTest → Run and Submit，运行程序并提交到服务器，如图 1-28 所示。

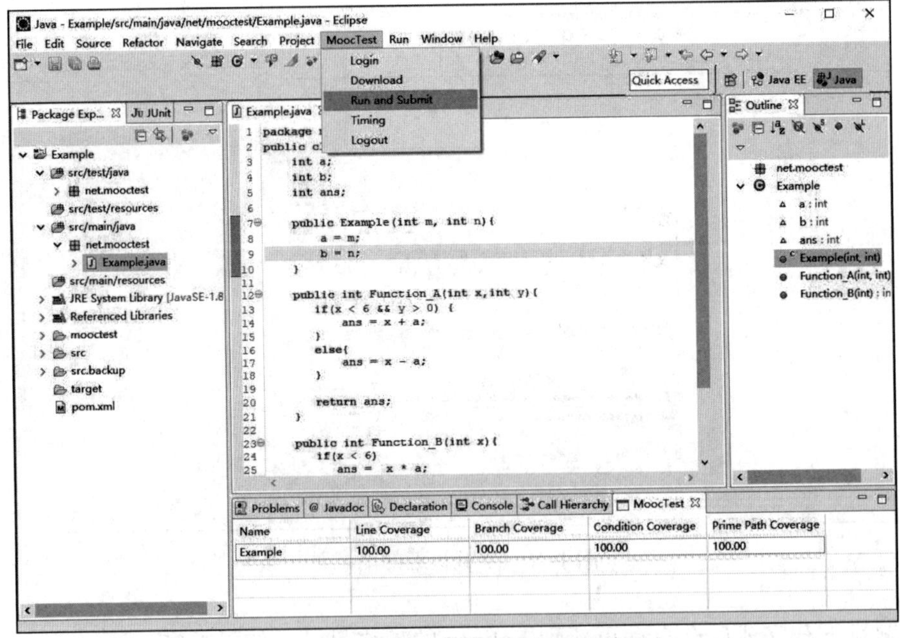

图 1-28　程序编写完成后进行运行并提交

在运行提交完成后，慕测插件会计算出相应的分数并返回提交结果，如图 1-29 所示。

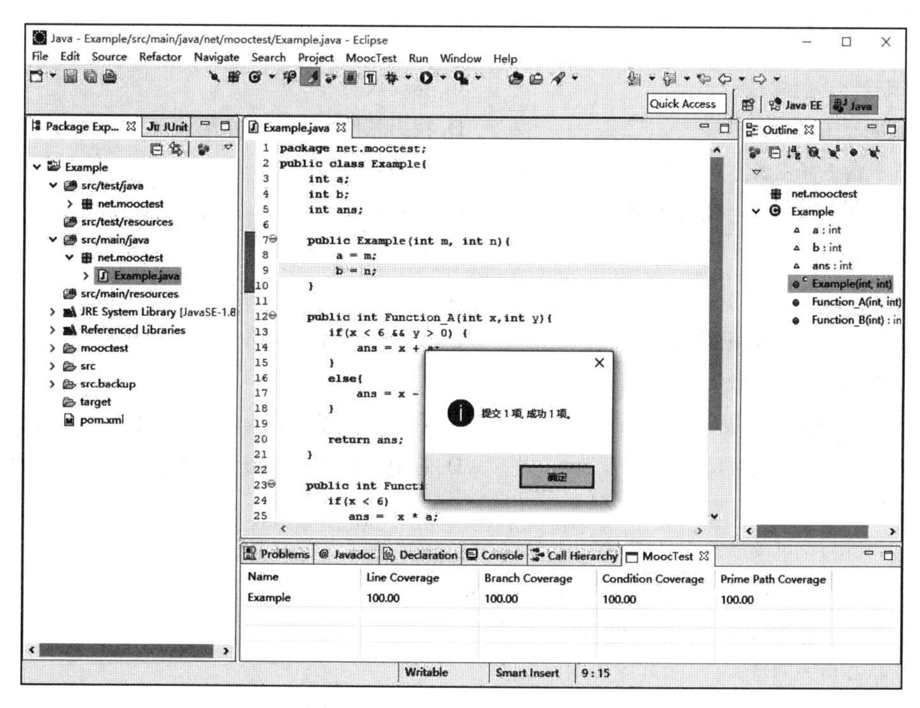

图 1-29　分数展示和结果返回

1.6　小结

本章概述了开发者测试的背景及意义，讨论了开发者所应具备的基本测试技能和常见的测试辅助工具，同时还讨论了开发者测试的未来趋势，最后介绍了慕测开发者测试。软件版本迭代速度的持续加快不可避免地会增加软件测试的压力，从而要求软件开发者尽可能地参与到软件测试过程中来。作为软件开发人员，开发者更加了解软件的逻辑结构和运行时状态，因此较测试人员能更好地从白盒视角提供静态测试和动态测试支持，更加熟练地掌握和使用程序静态扫描、覆盖分析等工具。未来，开发者将与运维人员开展更为密切的沟通，实现更加快速的响应和更加及时的交付。此外，本章还介绍了慕测开发者测试及平台，以帮助初学者更快、更好地了解和学习开发者测试。

习题 1

一、单项选择题

1. 软件测试的目的是（ ）。

A. 试验性运行软件　B. 发现缺陷

C. 证明软件正确　D. 找出软件中的全部缺陷

2. 以下不属于开发者测试的内容是（ ）。

A. 黑盒测试　B. 动态测试　C. 失效重现　D. 迭代上线

3. 测试的关键问题是（ ）。

A. 如何组织软件评审　B. 如何选择测试用例

C. 如何验证程序的正确性　D. 如何采用综合策略

4. 为了提高软件测试效率，应（ ）。

A. 随机选取测试数据　B. 取一切可能的输入作为测试数据

C. 完成编码后制定测试计划　D. 选取错误可能性最大的数据作为测试用例

二、简答题

1. 简述测试与调试的联系与区别。

2. 请列举出静态测试和动态测试的不同应用场景。

3. 请列举出黑盒测试与白盒测试的不同应用场景。

4. 什么是开发者测试？

三、分析设计题

1. 构造一个尽可能简单的程序 P（包含 1 个 Fault），同时构造 3 个测试 t1、t2、t3，使得：

1）t1 单独执行到 Fault 但不触发 Error；

2）t2 单独执行到 Fault 触发 Error，但不引起 Failure；

3）t3 引起 Failure。

（请标明详细注释。）

2. 构造一个尽可能简单的程序 P（包含两个 Fault：F1 和 F2），同时构造测试 t1、t2 和 t3，使得：

1）t1 单独执行到 F1 并且发现 Failure；

2）t2 单独执行到 F2 并且发现 Failure；

3）t3 同时执行到 F1 和 F2，并且能够对 F1 产生 Error，但没有 Failure。

（请标明详细注释。）

第2章
Chapter 2

程序静态分析

2.1 程序静态分析概述

程序静态分析是指在不运行程序的前提下，仅通过分析或检查程序的语法、结构、过程、接口等对程序进行分析的过程，其主要目的在于检测软件中的缺陷。统计表明，在整个软件开发生命周期中，30% ～ 70% 的代码逻辑设计和编码缺陷是可以通过静态代码分析来发现和修复的。在程序静态分析过程中，要尽可能多地发现代码中的逻辑错误，让代码符合正确逻辑，并进一步满足高效性、清晰性、规范性、一致性等要求。

程序静态分析通过分析源程序的语法、结构、过程和接口等来检查和验证程序的正确性。其中，语法错误检查是最基本的程序静态分析工作之一，该检查通常由编译器完成。如图 2-1 所示，编写完成的程序会交由编译器逐行分析，找出程序中存在的语法错误。当程序中语法错误被修正后，研发人员还需借助人工或其他静态方法来进一步检测程序中的非语法类型缺陷，如不匹配的参数、不适当的循环嵌套和分支嵌套、不允许的递归、未使用过的变量、空指针的引用以及可疑计算等。其中，代码评审、结构分析是常用的程序静态分析方法。

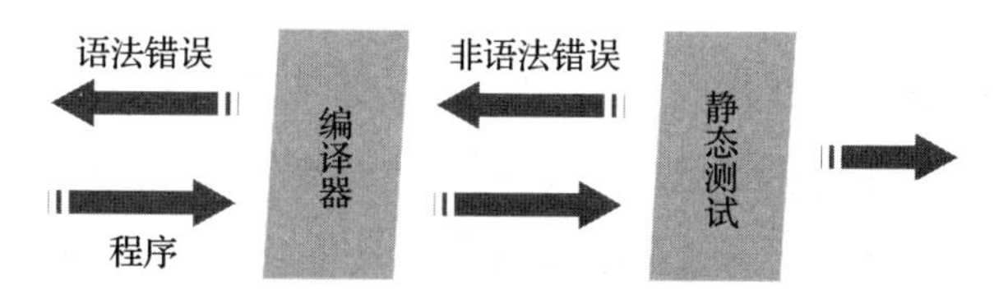

图 2-1　程序静态分析示意图

2.1.1　代码评审

表 2-1 中给出了常见的代码评审项目。与动态测试只能发现错误外部征兆不同，在代码评审过程中一旦发现错误，通常能对其进行精确定位，由此可以降低错误修正的成本。此外，在代码评审时，有时可以发现成批的错误，如分散在多处的同一类型错误，而动态测试通常只能检测到单个错误。代码评审法主要通过桌面检查、代码审查和代码走查等方式对软件代码进行检查。

表 2-1　常见的代码评审项目

代码评审项目	
• 所有的设计要求是否都实现？	• 每一功能目的是否都有注释？
• 代码编制是否遵照编码规范？	• 是否按注释类型格式编写注释？
• 所有的代码是否风格保持一致？	• 代码注释量是否达到了规定值？
• 所有的注释是否清楚和正确？	• 所有变量的命名是否依照规则？
• 所有代码的异常处理是否都有注释？	• 循环嵌套是否优化到最少？

（1）桌面检查

桌面检查是指开发人员通过阅读程序、对照错误列表、推演测试数据等方式对代码进行缺陷检测的方法，是一种常用的代码评审方法。

与其他代码评审方法相比，桌面检查的效率是比较低的，这主要是因为桌面检查随意性较大，除非有严格的管理和技术规范约束，否则检查内容、检查方式、检查强度等内容基本都取决于开发人员个人意志，而一般情况下开发人员通常难以发现自己代码中的问题。对此，在实践中可以采用交叉桌面检查的方法：两个开发人员交换各自的程序进行检查，而不是自己检查自己的程序。

（2）代码审查

代码审查是指由若干开发人员和测试人员组成审查小组，通过阅读、讨论、评价和审议等，对程序进行静态分析的过程。代码审查通常分为两步：第 1 步，小组负责人把设计规格说明书、控制流程图、程序文本及有关要求和规范分发给小组成员，作为审查的依据；第 2 步，召开程序审查会，通过会议和集体讨论、评价和审议，以集体的智慧从不同的角度分析程序中的问题。

代码审查也是软件开发中常用的手段，同其他测试手段相比更容易发现程序中与架构、时序相关的问题。同时，代码审查还可以帮助团队成员提高编程技能，统一编程风格。

（3）代码走查

代码走查是指由人扮演计算机的角色，把数据代入程序并模拟代码的运行，观察程序是否正常运行的过程。在代码走查时，研发人员需要不断观察程序运行状态和运行结果来判断程序实现是否符合预期。与代码审查相同，代码走查过程也分为两步：第 1 步，小组负责人把材料先发给走查小组的每个成员，让他们认真研究程序；第 2 步，组织代码走查会议。与代码审查不同，与会人员不仅需要阅读程序和对照错误检查表进行检查，还需要模拟代码的运行，共同分析和检查程序的运行过程和结果。

代码审查与代码走查等方法都以小组为单位进行。但与代码审查不同，代码走查着重于模拟程序的运行，它需要开发人员预先准备一批测试用例，推演每个测试用例的运行过程和结果，把测试数据沿程序的运行逻辑走一遍，过程和中间状态记录在纸张或白板上以供监视检查。

2.1.2 结构分析

静态结构分析是帮助测试人员理解软件整体架构的有效方法。如图 2-2 所示，借助于面向系统结构、数据结构、数据接口、内部控制逻辑等内部组织结构的测试分析工具，程序可被转化为文件调用关系图、模块控制流图、类间依赖关系图、函数调用关系图等图表文件，从而使得测试人员可以更好地宏观把握、微观分析程序文件，更有效地发现程序当中的问题或者不合理的地方，便于进一步分析和定位缺陷。表 2-2 给出了常用的静态结构分析方法。根据分析结果表现形式的不同，可将其进一步分为基于表、基于图和其他类型的静态结构分析方法。

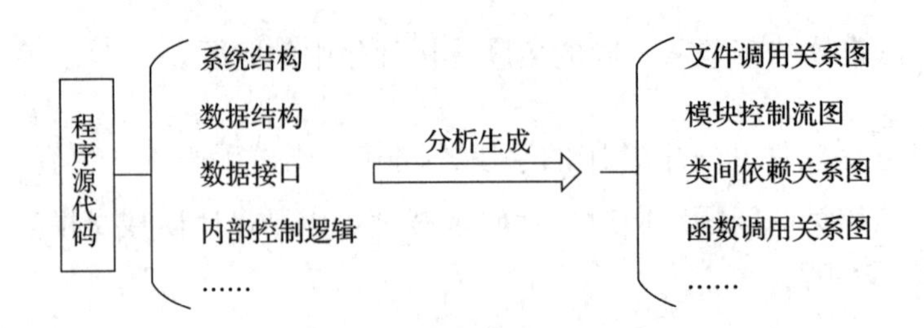

图 2-2　静态结构分析示意图

表 2-2　常用的静态结构分析方法

表现形式	方法
表	标号交叉引用表 变量交叉引用表 子程序（宏、函数）引用表 等价表 常数表
图	函数调用关系图 模块控制流图
其他	类型和单位分析 引用分析 表达式分析 接口分析

2.2　程序流程分析

程序在模块运行次序、变量定义使用等方面需要满足一些要求以保证程序的正常运行。一般地，需要从程序的控制流和数据流等方面开展程序流程分析。

2.2.1　控制流分析

定义 1：控制流图（Control Flow Graph，CFG）。控制流图 CFG =< N, E, n_{entry}, n_{exit} > 是一个有向图，用于描述程序的控制流程。其中，N 是节点集，每个节点 n 对应一条程序语句 s ；E 是边集，每条边 e =< n_1, n_2> 表示语句 s_1 运行后可能会立即运行语句 s_2；n_{entry} 和 n_{exit} 属于 N，分别表示程序唯一的入口节点和出口节点，且对于 N 中其他节点 n，均至少存在一条由 n_{entry} 经 n 到达 n_{exit} 的路径。

控制流分析的目的是构造一个表达程序结构的控制流图。在软件开发时，由于 IF、WHILE、UNTIL 等控制语句的存在，软件会呈现出顺序、选择、循环等多种类型结构。通过控制流分析可得到语句间的控制依赖和运行先后次序，并可通过控制流图直观表达出来。图 2-3 给出了应用 IF、WHILE、UNTIL 等控制语句时程序所对应的控制流图。其中，圆圈表示控制流图中的节点，用于表示一条存在分支或不存在分支的语句；有向边表示语句运行的先后顺序。

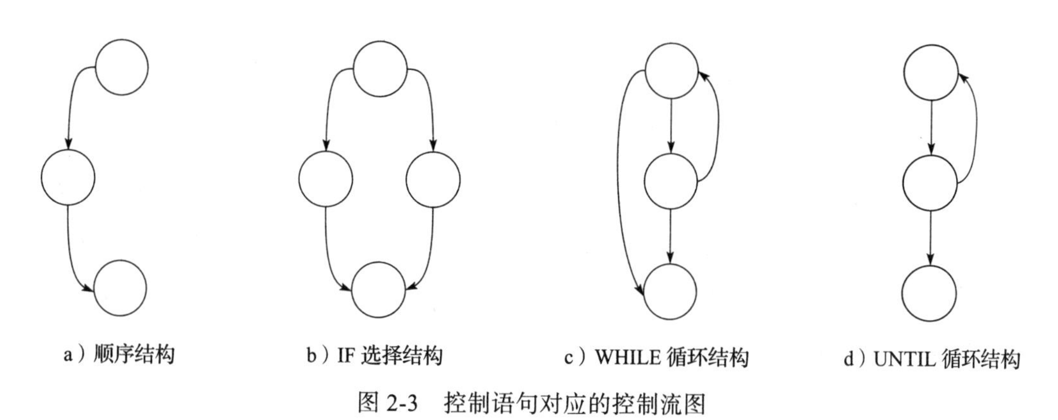

a）顺序结构　b）IF 选择结构　c）WHILE 循环结构　d）UNTIL 循环结构

图 2-3　控制语句对应的控制流图

表 2-3 给出了控制流相关缺陷及其造成的后续影响。通过控制流分析，这些缺陷可以被有效地检测出来，从而保证程序可以正常运行，并降低管理资源的耗费。

表 2-3　控制流相关缺陷及影响

缺陷	影响
转向并不存在的标号	程序运行意外中止
存在无用的语句标号	占用额外管理资源
存在不可达语句标号	相应功能无法调用
不能到达可停机语句	程序运行难以中止

2.2.2　数据流分析

定义 2： 变量定义（Definition，DEF）。变量 v 存在于语句 s 中，若 s 运行时改变了 v 的值，则称 v 被 s 定义。

定义 3： 变量使用（Usage，USE）。变量 v 存在于语句 s 中，若 s 运行时使用了 v 的值，则称 v 被 s 使用。

数据流分析是一种软件验证技术，用于分析变量在程序中的定义、使用及传递情况，以检测变量定义 / 使用错误和异常错误，主要包括以下三类错误：

1）变量被定义，但从未被使用；

2）变量被使用，但还未被定义；

3）变量在使用之前被定义多次。

对于这些类型的错误，仅仅依靠简单的语法分析或语义分析是难以检测出来的。此时，需要借助数据流分析工具进行分析检测。

图 2-4 给出一个数据流分析示例，其中，图 2-4a 表示一个程序的控制流图，包含了 $\{s_1, s_2, \cdots, s_{11}\}$ 等 11 条语句及各个语句间的控制流关系；图 2-4b 表示控制流图中各条语句的数据操作列表，第 2 ～ 3 列分别给出了控制流图中每条语句所包含的定义变量和使用变量。

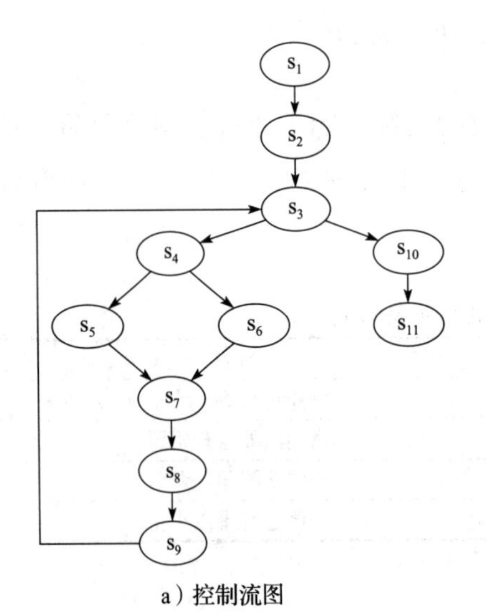

a）控制流图

语句	定义变量	使用变量
s_1	x, y, z	
s_2	x	w, x
s_3		x, y
s_4		y, z
s_5	y	v, y
s_6	z	v, z
s_7	v	x
s_8	w	y
s_9	z	v
s_{10}	z	z
s_{11}		z

b）数据操作列表

图 2-4　一个数据流分析示例

通过数据流分析，可以发现该程序存在以下错误和异常：

1）语句 s_2 使用了未定义的变量 w；

2）语句 s_5、s_6 首次运行时使用了未定义的变量 v；

3）语句 s_8 定义了变量 w，但之后程序再未使用变量 w；

4）语句 s_6、s_9 均定义了变量 z，但两次定义之间并未再使用变量 z。

一般来说，情况 1 和 2 属于错误，使用未经定义的变量会导致程序运行出错；情况 3 属于疏漏，变量被定义后再未被使用，占用额外的存储资源；情况 4 属于异常，这种异常可能是由程序员疏漏所致，此时需要予以修正，也可能源于程序实际的开发需求。

2.3 符号执行

符号执行（Symbolic Execution）是一种程序分析技术，由 King 在 1976 年首次提出，目的在于得到运行特定区域代码的输入。在过去特别是近十年间，符号执行技术得到了研究人员的广泛关注。一方面，随着 Z3、Yices、STP 等功能强大的约束求解器的出现，符号执行技术可应用于规模更大、结构更复杂的真实程序中。另一方面，符号执行较其他程序分析方法的计算代价更加昂贵。随着当前计算能力的显著提升，符号执行计算受限的问题得到了极大的缓解。目前，业界已推出多款适用于不同程序语言的符号执行工具，如面向 Java 语言的 JPF、JCUTE，面向 C 语言的 DART、KLEE 等，这些工具对于符号执行技术的发展及推广起到了重要作用。

符号测试是一种介于程序运行与程序正确性证明之间的方法。如图 2-5 所示，它允许程序的输入不仅仅是具体的数值数据，还可以包括基本符号、数字以及数学表达式等。对被测程序分析后，输出符号表达式。符号执行的作用主要体现在以下两点：其一是检查程序执行结果是否符合预期；其二是通过符号执行产生程序的执行路径，为进一步自动生成测试数据提供约束条件。

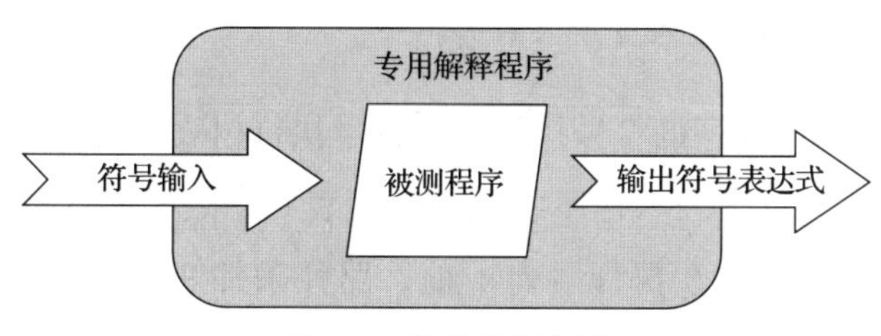

图 2-5　符号运行概述

根据符号执行过程中是否使用具体值，可将符号执行技术分为静态符号执行和动态符号执行。

2.3.1　静态符号执行

静态符号执行是指在不执行程序的前提下，以符号值作为输入，并通过符号执行模拟代码运行的过程。在静态符号执行时，不使用一般程序运行时使用的具体值作为输入。在符号执行过程中的任何执行点，符号化执行的程序状态包括程序变量在该点的符号值、可以到达该点的路径条件（Path Condition，PC）的符号值，以及一个程序计数器。

路径条件是一个建立在符号化输入上的布尔公式，是执行某条路径时输入必须满足的限制的积累。在符号执行过程中的每个分支点上，路径条件将进行更新，更新分为以下两种情况：1）如果路径条件变得不可满足，则对应的程序路径也是不可行的，符号执行不会沿该路径进一步执行；2）如果路径条件是可满足的，则该路径条件的任何一个解决方案都是执行该条路径的程序输入。程序计数器用于标识要执行的下一条语句。

符号执行成功后，可以根据其生成的路径条件计算程序输入。得到的程序输入既可以按照一个给定的路径进行执行，也可以到达某个指定的语句。为了做到这一点，在程序符号执行完或指定的目标语句被执行后，生成的路径条件将被SMT（Satisfiability Modulo Theories）约束求解器求解。约束求解器会试图找到路径条件的解。如果约束求解器可以发现一个解，则该解可以分配给对应的输入变量，构成一个程序输入，该输入可以执行指定的路径或语句。

进一步，通过一个示例程序来说明静态符号执行过程。图 2-6 给出了一个示例程序，该程序包含了两个输入变量 x 和 y。

图 2-7 给出该示例程序的符号执行树。符号执行树表示符号执行期间执行路径的紧凑表示。其中，节点表示程序状态，边代表状态之间的转移。节点上的数字代表程序计数器的数值。在执行语句 s_1 前，路径条件 PC 被初始化为 True，这是因为无论程序输入为何值，s_1 都会被执行。同时，参数 x 和 y 分别被赋予符号值

X 和 Y。当程序运行到分支语句（如 s_1 和 s_5）时，路径条件 PC 需要根据分支条件进行相应的更新。

s_0	`void calculate(int x, y) {`
s_1	`    if (x>y) {`
s_2	`        x = x+y;`
s_3	`        y = x-y;`
s_4	`        x = x-y;`
s_5	`        if (x-y > 0) {`
s_6	`            // do something`
s_7	`        }`
s_8	`    }`
s_9	`    System.out.println(x);`
s_{10}	`    System.out.println(y);`
s_{11}	`}`

图 2-6　一个示例程序

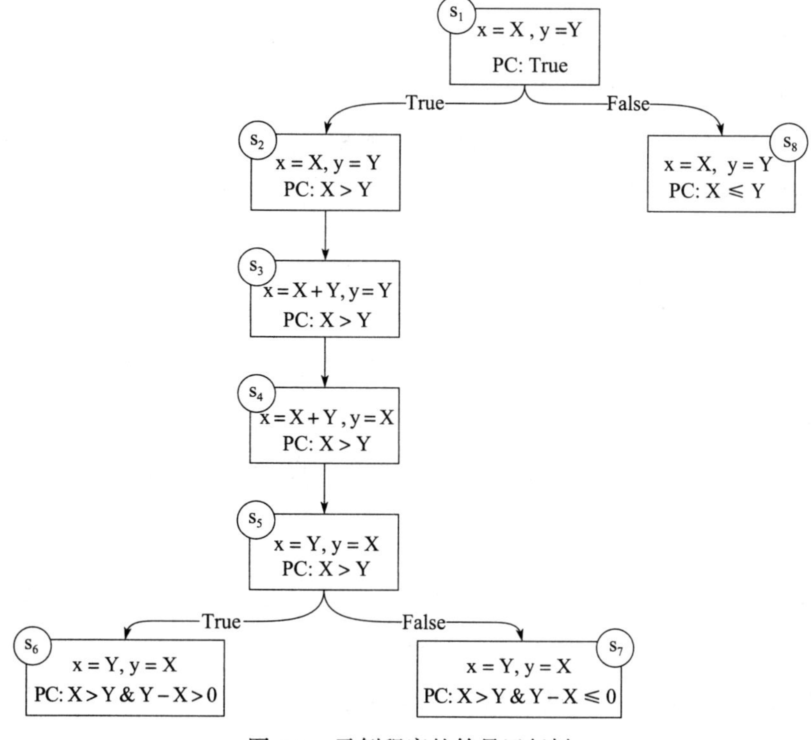

图 2-7　示例程序的符号运行树

表 2-4 示例程序的路径条件及对应解

执行路径	路径条件	程序输入
$path_1$: $s_1 \rightarrow s_2 \rightarrow s_3 \rightarrow s_4 \rightarrow s_5 \rightarrow s_6$	$(X > Y)$ & $(Y - X > 0)$	None
$path_2$: $s_1 \rightarrow s_2 \rightarrow s_3 \rightarrow s_4 \rightarrow s_5 \rightarrow s_7$	$(X > Y)$ & $(Y - X \leqslant 0)$	$X = 2, Y = 1$
$path_3$: $s_1 \rightarrow s_8$	$X \leqslant Y$	$X = 1, Y = 1$

通过符号执行树，可以得出示例程序中的各条路径以及每条路径的路径条件。表 2-4 给出示例程序各条路径的路径条件及对应解。例如，路径 $path_1$ 的路径条件为 $(X > Y)$&$(Y - X > 0)$，该路径条件是不可满足的约束集合，因此对该条件进行求解不能获得运行路径 $path_1$ 的程序输入。又例如，路径 $path_2$ 的路径条件为 $(X > Y)$&$(Y - X \leqslant 0)$，该路径条件是可满足的约束集合，因此对该条件进行求解可以获得运行路径 $path_2$ 的程序输入，如 $X = 2$、$Y = 1$。

2.3.2 动态符号执行

尽管约束求解器性能的显著改进和计算能力的持续增强提高了符号执行解决实际问题的能力，但在处理大规模、复杂的程序时还存在较大的不足。例如，程序规模增加导致的路径爆炸问题，复杂的函数运算、浮点运算问题，以及复杂路径约束等问题，传统的符号执行技术就无法精确求解路径，也无法获得满足路径条件约束的测试用例。针对这些问题，研究人员提出了动态符号执行技术来进行解决。

与静态符号执行不同，动态符号执行同时结合了符号输入和具体输入来对程序进行分析。在符号输入的基础上，当遇到复杂路径或大规模路径时使用具体输入值代替符号输入，以此来驱使符号执行继续向后开展，并可获得可求解的约束路径，提高了符号执行的效率。同时，由于使用具体输入值代替了部分符号输入，使得路径约束所包含的复杂数据结构和表达式得以简化，因而也大大减小了符号执行的代价。

在动态符号执行时，运行工具要跟踪记录符号状态以及当前路径的运行条件。在一条路径运行结束后，运行工具将路径中未覆盖分支的最后一个路径条件约束取反，再将新的路径条件传递给约束求解器进行求解。如果约束求解器可以给出一个满足新路径条件的解，运行工具会运行该条路径并重复上述过程，直至所有路径被覆盖，或覆盖特定目标，或满足时间需求。

为进一步说明动态符号执行，使用图 2-8 中的示例程序详细描述动态符号执行覆盖程序中各条路径的过程。图 2-8 中的示例程序包含四个输入变量 a、b、c 和 d。假设该程序的初始输入为 a = 4，b = 5，c = 6，d = 1，对应的符号值分别为 A、B、C、D。此时，程序的执行路径为 $s_1 \rightarrow s_2 \rightarrow s_5 \rightarrow s_6 \rightarrow s_7$，对应的路径条件 $(C > A)$ & $(B \leqslant 5)$ & $(A < D + 10)$ & $(B < C)$，对应的分支判定条件为 s_1、s_3、s_5、s_6。接下来，对最后一个分支判定条件 $(B < C)$ 取反，得到一个新的路径条件 $(C > A)$ & $(B \leqslant 5)$ & $(A < D + 10)$ & $(B \geqslant C)$，并用约束求解器对新的路径条件进行求解。若路径条件是可满足的约束集合，则至少可生成一个解（如 a = 4、b = 5、c = 5、d = 1）来覆盖新的路径，如 $s_1 \rightarrow s_2 \rightarrow s_5 \rightarrow s_6 \rightarrow s_8 \rightarrow s_9$。之后，对前一个分支判定条件 $(A < D + 10)$ 取反进行分析。若路径条件是不可满足的约束集合，则直接对前一个分支判定条件 $(A < D + 10)$ 取反进行分析。不断重复该过程，直至所有的路径都被覆盖，或覆盖特定目标，或满足时间需求。

s_0	`void calculate(int a, int b, int c, int d) {`
s_1	`    if (c>a) {`
s_2	`        int e = d+10;`
s_3	`        if (b>5)`
s_4	`            //do something`
s_5	`        else if (a<e){`
s_6	`            if (b<c)`
s_7	`                //do something`
s_8	`            else`
s_9	`                //do something`
s_{10}	`            } else`
s_{11}	`                //do something`
s_{12}	`    }`
s_{13}	`}`

图 2-8　一个示例程序

2.4　编程规范和规则

当前软件行业发展十分迅速，新的软件开发平台、工具和技术层出不穷，为软件研发人员带来便利的同时，也使得更多的人可以同时参与到同一个项目中，共同完成规模更加庞大、结构更加复杂的软件系统。在这种形势下，如何有效地组织和管理庞大的研发生产队伍成为一个巨大的挑战。

编程是软件开发过程中的重要环节，它是指在用计算机解决某个具体问题时使用某种程序设计语言（如 Java、C++）编写程序代码，从而得到期望结果的过程。在编码过程中，如果大家事先制定和遵循了统一的编码标准，则可以提高代码的可读性和可理解性，尽可能避开软件开发过程中可能存在的错误和遗漏，最终起到降低协同成本、提升软件产品质量的效果。

根据编程标准的重要性和敏感性，可以将其进一步分为编程规范和编程规则等两类。其中，编程规范是指推荐研发人员遵循或建议研发人员参考的内容，若不遵循，会降低代码的可读性、增加团队的协作成本。例如在单元测试时，不同开发人员的单元测试代码应当具有统一的文件存放位置和测试类、测试用例命名格式。编程规则是指强制研发人员遵循的内容，若不遵循，会严重影响产品的功能和质量，或增加产品的维护成本，甚至带来严重的安全威胁。例如，同样在单元测试时，对于软件产品中的核心模块，应当使测试代码具有很高的逻辑覆盖（如语句覆盖、分支覆盖、MC/DC 覆盖等），以保证单元测试的充分性。

由于编程规范与规则的重要性，部分大型软件开发公司相继提出并开放了属于自己的编程标准，如 Google 公司针对多种语言（包括 Java、C++、Object-C 等）提出了相应的编码规范，国内如阿里巴巴公司也提出了中英文版本的面向 Java 程序的开发手册，同时还提供了 Java 开发规约插件，用以帮助研发人员自动检测自己代码中违规的部分。这些文档从软件各个维度（如测试、安全、网络、结构、数据库、异常处理以及一般编码等）、不同的复杂程度上（简单的如变量的命名格式，复杂的如数据库操作等），定义了统一的编程规范和规则。

在开发者测试过程中，开发人员同样需要遵循一系列规范和规则，用于保证软件测试的正确性、高效性，以及测试代码的可阅读性、可理解性、可维护性和可扩展性。下面从全国大学生软件测试大赛开发者竞赛的角度，总结出 4 点规范和 4 点规则，用以指导选手编写更高质量的单元测试代码。

规范 1：命名格式。测试类文件应当命名为“类名 +Test.java”；测试用例应当命名为“test+ 方法名”。其中，方法名的首字母大写。

说明：命名不规范会严重影响测试用例的可读性，也不利于后期分析。

规范 2：语句覆盖。单元测试应尽量覆盖所有语句。

说明：仅仅考虑分支覆盖会使得测试人员忽视没有包含分支语句的代码模块。因此，竞赛选手在比赛时也应当考虑增加语句覆盖。

规范 3：测试粒度。对于单元测试，要保证测试粒度足够小，有助于精确定位问题。单元测试粒度至多是类级别，一般是方法级别。

说明：只有测试粒度小才能在出错时尽快定位到出错位置。单元测试不负责检查跨类或者跨系统的交互逻辑，那是集成测试的领域。

规范 4：注解标签。推荐使用诸如 @Test、@Before 进行注解，不建议使用诸如 @org.junit.Test、@org.junit.Before 方式进行注解。

说明：显式调用 org.junit 没有意义。

规则 1：文件存放位置。单元测试代码必须写在如下工程目录：src/test/java，不允许写在 src 或其他目录下。

说明：评分及数据分析直接扫描该目录下的测试类文件，若测试代码未包含在 src/test/java 中，则认为竞赛选手未提交测试代码，记为零分。

规则 2：测试用例独立性。测试用例应当避免相互调用，同时也应当与运行顺序无关。

说明：在不同配置下，测试用例的运行顺序是不同的。若存在测试顺序依赖，会导致开发人员耗费额外的精力用于环境配置。

规则 3：测试用例可重复性。测试用例在每次运行时，其运行结果应当是不变的，不会受到外界环境的影响。

说明：测试用例在设计时应当借助 Mock 等技术减轻其对外部环境的依赖，防止测试用例在持续集成环境中不可用。

规则 4： 测试用例全自动运行。单元测试应该是全自动运行的，并且是非交互式的。测试框架通常是定期运行的，运行过程必须完全自动化才有意义。

说明：输出结果需要人工检查的测试不是一个好的单元测试。单元测试中不准使用 System.out 来进行人工验证，必须使用 assert 语句来验证。

2.5 程序静态分析工具

在软件开发过程中，研发人员需要耗费大量的时间精力来检测和修复代码中的缺陷。程序静态分析工具能帮助研发人员快速有效地定位、修复代码中的缺陷，使其更加专注于分析和解决代码设计缺陷，从而有效提高软件质量，同时节省软件开发和测试成本。

2.5.1 工具简介

目前，存在多种适用于不同类型的软件、应用不同技术的程序分析工具。以 Java 程序为例，已存在 Checkstyle、FindBugs、PMD、P3C 等多种静态分析工具，这些工具已在前面简要介绍，表 2-5 总结了这些工具的分析对象和应用技术。

表 2-5 面向 Java 程序的静态分析工具

工具名称	分析对象	应用技术
Checkstyle	Java 源文件	缺陷模式匹配
FindBugs	字节码	缺陷模式匹配、数据流分析
PMD	Java 源代码	缺陷模式匹配
P3C	Java 源代码	缺陷模式匹配

2.5.2 工具安装与评估

为了方便开发者使用和工具推广，一般的程序静态分析工具都提供对主流 IDE（如 Eclipse）的插件支持。本书以 Java 开发常用的 Eclipse 为例，介绍前一节所述的程序静态分析工具的安装方法。同时，以图 2-9 中程序 Test 作为测试对象对这些工具在默认配置下的缺陷检测能力进行评估。Test 程序包含了空指针引用、数组越界、I/O 未关闭、变量 / 语句冗余等常见类型缺陷。根据检测结果，可对工具的缺陷检测能力给出基本的评估。

```
s0   import java.io.*;
s1   public class Test {
s2       public boolean copy(InputStream is, OutputStream os) throws IOException {
s3           int count = 0;
s4           byte[] buffer = new byte[1024];
s5           while ((count = is.read(buffer)) >= 0) //Fault f1: 缺少 is 的空指针判断
s6               os.write(buffer, 0, count);     //Fault f2: 缺少 os 的空指针判断
s7           return true;                        //Fault f3: 未关闭 I/O 流
s8       }
s9       public void copy(String[] a, String[] b, String ending) {
s10          int index;
s11          String temp = null;
s12          System.out.println(temp.length()); //Fault f4: 空指针错误
s13          int length = a.length;             //Fault f5: 变量 length 未被引用
s14          for (index = 0; index < a.length; index++) {
s15              if (true) {                    //Fault f6: 冗余的 if 语句
s16                  if (temp == ending)        //Fault f7: 对象比较方法错误
s17                      break;
s18                  b[index] = temp;           //Fault f8: 缺少下标越界检查
s19      }   }   }
s20      public void readFile(File file) {
s21          InputStream is = null;
s22          OutputStream os = null;
s23          try {
s24              is = new BufferedInputStream(new FileInputStream(file));
s25              os = new ByteArrayOutputStream();
s26              copy(is, os);                  //Fault f9: 返回值未被引用
s27              is.close();
s28              os.close();
s29          } catch (IOException e) {
s30              e.printStackTrace();           //Fault f10: 可能使 I/O 流未关闭
s31          } finally {                        //Fault f11: 块 finally 为空
s32  }   }   }
```

图 2-9 一个待测程序 Test

（1）Checkstyle 的安装与使用

Checkstyle 插件可通过 Eclipse 官方市场进行安装。启动 Eclipse 后，选择 Help → Eclipse Marketplace，在搜索框中以“Checkstyle”作为关键字进行搜索，搜索结果如图 2-10 所示。此时，选择安装官方提供的最新版本即可。安装完成后，右击 Java 项目可在菜单中看到 Checkstyle 的子菜单，如图 2-11 所示。

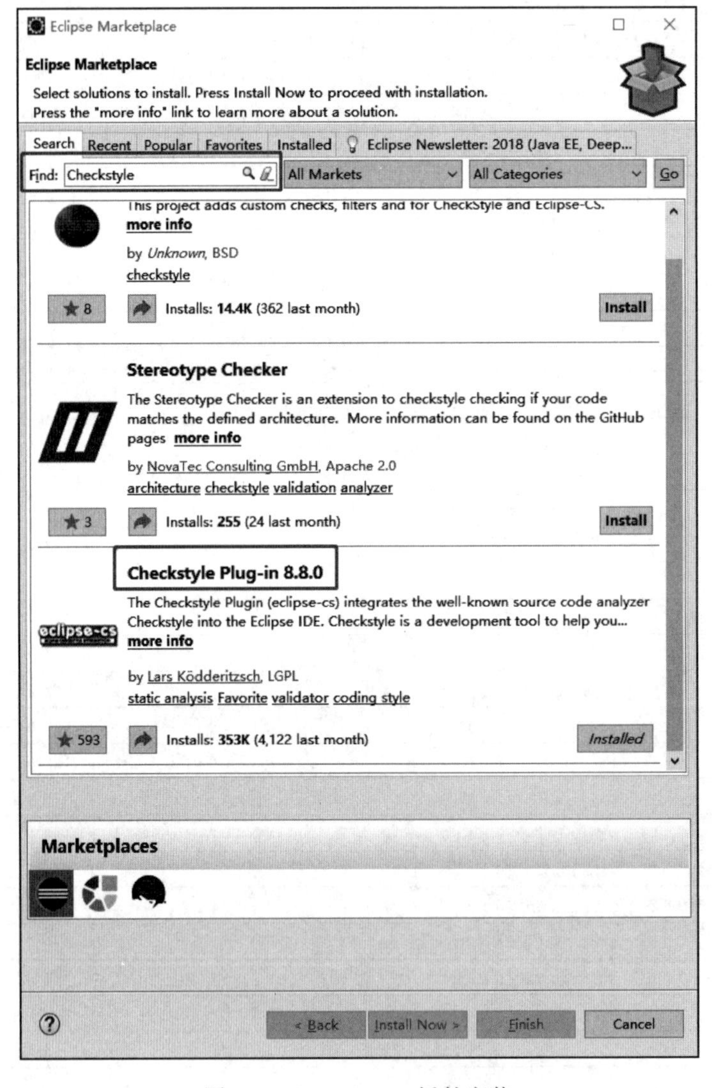

图 2-10　Checkstyle 插件安装

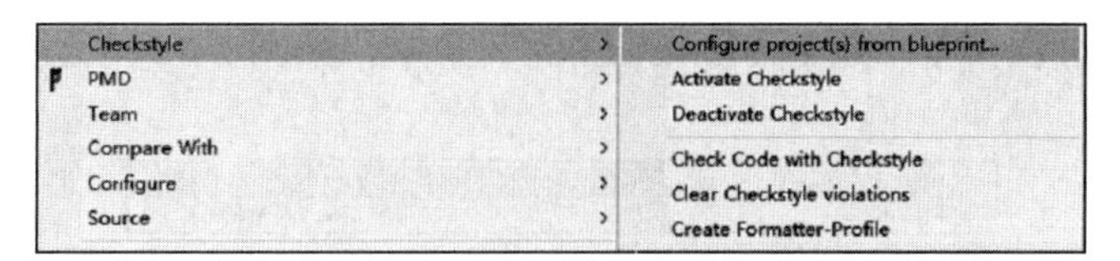

图 2-11　Checkstyle 菜单

图 2-12 给出了 Checkstyle 对 Test 程序的静态分析结果。可以看到，Checkstyle 并未检测到任何类型缺陷。

```
Test.java
1  import java.io.*;
2
3  public class Test {
4
5    public boolean copy(InputStream is, OutputStream os) throws IOException {
6      int count = 0;
7      // 缺少空指针判断
8      byte[] buffer = new byte[1024];
9      while ((count = is.read(buffer)) >= 0) {
10       os.write(buffer, 0, count);
11     }
12     // 未关闭I/O流
13     return true;
14   }
15
16   public void copy(String[] a, String[] b, String ending) {
17     int index;
18     String temp = null;
19     // 空指针错误
20     System.out.println(temp.length());
21     // 未使用变量
22     int length = a.length;
23     for (index = 0; index < a.length; index++) {
24       // 多余的if语句
25       if (true) {
26         // 对象比较应使用equals
27         if (temp == ending) {
28           break;
29         }
30         // 缺少数组下标越界检查
31         b[index] = temp;
32       }
33     }
34   }
35
36   public void readFile(File file) {
37     InputStream is = null;
38     OutputStream os = null;
39     try {
40       is = new BufferedInputStream(new FileInputStream(file));
41       os = new ByteArrayOutputStream();
42       // 未使用方法返回值
43       copy(is, os);
44       is.close();
45       os.close();
46     } catch (IOException e) {
47       // 可能造成I/O流未关闭
48       e.printStackTrace();
```

图 2-12　Checkstyle 分析结果

（2）FindBugs 的安装与使用

FindBugs 插件可通过 Eclipse Install 方式进行安装。启动 Eclipse 后，选择 Help → Install New Software，在 Add Repository → Location 中输入 FindBugs 官网提供的插件下载网址（http://findbugs.cs.umd.edu/eclipse）即可下载安装。安装完成后，

右击 Java 项目可在菜单中看到 FindBugs 的子菜单，如图 2-13 所示。

图 2-13 FindBugs 菜单

图 2-14 给出了 FindBugs 对 Test 程序的静态分析结果。可以看到，FindBugs 有效检测到空指针错误 f_4。

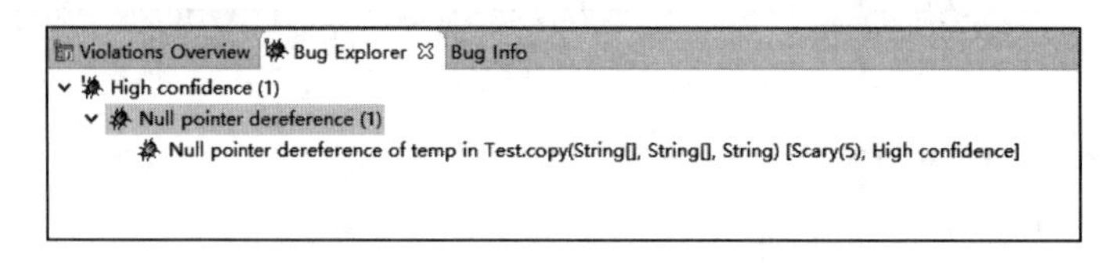

图 2-14 FindBugs 扫描结果

（3）PMD 的安装与使用

与 FindBugs 插件的安装方式类似，PMD 插件可通过 Eclipse Install 方式进行安装。在 Add Repository → Location 中输入 PMD 官网提供的插件下载网址（https://dl.bintray.com/pmd/pmd-eclipse-plugin/updates）即可下载安装。安装完成后，右击 Java 项目可在菜单中看到 PMD 的子菜单，如图 2-15 所示。

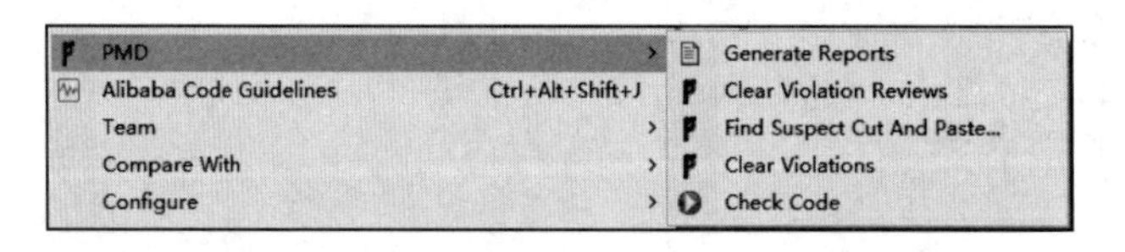

图 2-15 PMD 菜单

图 2-16给出了 PMD 对 Test 程序的静态分析结果。可以看到，PMD 有效检测到 f_5 变量名 length 未使用，f_6 的 if 语句冗余，f_7 的对象比较方法错误，f_{11} 的 finally 块为空。

（4）P3C 的安装与使用

与 FindBugs 和 PMD 插件的安装方式类似，P3C 插件可通过 Eclipse Install 方

式进行安装。在 Add Repository → Location 中输入 P3C 官网提供的插件下载网址（https://p3c.alibaba.com/plugin/eclipse/update）即可下载安装。安装完成后，右击 Java 项目可在菜单中看到 P3C 的选项，如图 2-17 所示。

Violations Overview　Bug Explorer　Bug Info

Element	# Violations	# Violations/...	# Violations/...	Project
Test.java	33	1178.6	11.00	Test
LawOfDemeter	1	35.7	0.33	Test
MethodArgumentCouldBeFinal	5	178.6	1.67	Test
ShortClassName	1	35.7	0.33	Test
CommentRequired	4	142.9	1.33	Test
AtLeastOneConstructor	1	35.7	0.33	Test
UnconditionalIfStatement	1	35.7	0.33	Test
EmptyFinallyBlock	1	35.7	0.33	Test
SystemPrintln	1	35.7	0.33	Test
LocalVariableCouldBeFinal	3	107.1	1.00	Test
CompareObjectsWithEquals	1	35.7	0.33	Test
AvoidPrintStackTrace	1	35.7	0.33	Test
ShortVariable	6	214.3	2.00	Test
DataflowAnomalyAnalysis	5	178.6	1.67	Test

图 2-16　PMD 扫描结果

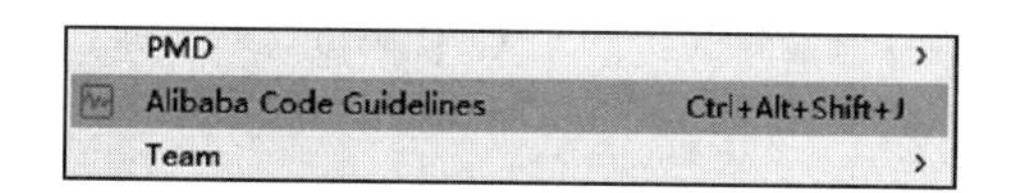

图 2-17　P3C 菜单选项

图 2-18 给出了 P3C 对 Test 程序的静态分析结果。可以看到，P3C 并未检测到任何类型缺陷。

图 2-18　P3C 扫描结果

对比上述四种程序静态分析工具可以发现，PMD 在空指针引用、对象操作、冗余语句、冗余变量等类型缺陷的检测上均具有更好的效果，FindBugs 可以检测到部分空指针类型缺陷。Checkstyle 和 P3C 等工具的目的在于检测软件代码是否符合规范，对于软件缺陷的检测能力则较弱。

2.6 小结

本章介绍了常见的程序静态分析方法及工具。程序静态分析是开展静态测试的基础，通过代码评审和结构分析不仅能帮助测试人员更快地了解待测程序的基本架构，还能更快地发现和定位程序内部的逻辑错误，而程序流程分析则可以提供更细粒度的分析，更好地刻画程序语句间、变量间的关系。同时，本章还介绍了静态符号执行和动态符号执行方法，帮助读者了解更加先进的程序分析方法。此外，本章还介绍了测试人员所应遵循的测试编程规范及四款较为成熟的程序静态分析工具，用以提升读者的测试开发技能。

习题 2

一、单项选择题

1. 在以下活动中，属于静态分析的是（　　）。

A. 编码规则检查　B. 内存泄漏测试　C. 代码覆盖率分析　D. 系统压力测试

2. 下面不属于代码评审的是（　　）。

A. 桌面检查　B. 代码审查　C. 代码走查　D. 项目审查

二、简答题

1. 什么是静态测试?

2. 静态测试采用哪些手段对程序进行检测?

三、分析设计题

1. 阅读代码，并完成要求：

```
void Sort(int iRecordNum, int iType) {
    int x = 0;
    int y = 0;
    while (iRecordNum > 0) {
        if (iType == 0)
            x = y + 2;
        else if (iType == 1)
            x = y + 10;
        else
            x = y + 20;
    }
}
```

（1）画出该方法的控制流图。

（2）设计 3 个测试用例，并分析其数据流转。

2. 选择使用 Checkstyle、FindBugs、PMD、P3C 工具中的一种，对如下代码进行静态分析：

```
public class Example{
    int a;
    int ans;
    public Example(int m, int n){
        a = m;
        b = n;
    }
    public int Function_A(int x,int y){
       if(x < 6 & y > 0) {
           ans = x + a;
       } else{
           ans = x - a;
       }
       return ans;
    }
    public int Function_B(int x){
       if(x < 6)
          ans =  x * a;
       else
          ans =  x / b;
    }
}
```

第3章
Chapter 3

白盒测试

白盒测试将被测软件看作一个透明的盒子，软件内部的逻辑结构是可见的。测试人员需要清楚程序内部的逻辑结构和执行过程，有针对性地设计测试用例，以对程序的逻辑结构、执行路径等进行覆盖测试，并可通过在程序中设立检查点来检查程序的状态，以验证程序的实际执行状态与预期状态是否一致。逻辑覆盖测试和路径覆盖测试是基本的白盒测试方法。

3.1 逻辑覆盖测试

逻辑覆盖测试是以程序内逻辑结构为基础的动态白盒测试方法，该方法要求程序在测试运行时实现对其逻辑结构的覆盖遍历。因此，测试人员需要对程序的逻辑结构有较为清楚的认识。

逻辑覆盖要求测试用例满足一定的覆盖标准。覆盖标准也称为软件测试覆盖准则或者测试数据完备准则，用于描述对被测对象的测试程度。在回归测试中，覆盖标准可以作为判断测试停止的标准，用于衡量测试是否充分；在测试选择时，覆盖准则可以作为选取测试数据的依据。一般而言，满足相同覆盖标准的测试数据可认为是等价的。此外，通过覆盖标准还可以量化测试过程，帮助研发人员更直观地了解测试进程。

不同覆盖标准的测试强度是不相同的。给定两个覆盖标准X和Y。如果在任意情况下，满足X标准的测试用例也满足Y标准，则称X标准强于Y标准。对于常见的逻辑覆盖，如语句覆盖、分支覆盖、条件覆盖、条件 / 判定覆盖、修正条件 / 判定覆盖、条件组合覆盖，图 3-1 给出了它们的强弱关系：条件组合覆盖具有最高的测试强度，修正条件 / 判定覆盖次之，语句覆盖测试强度最低。

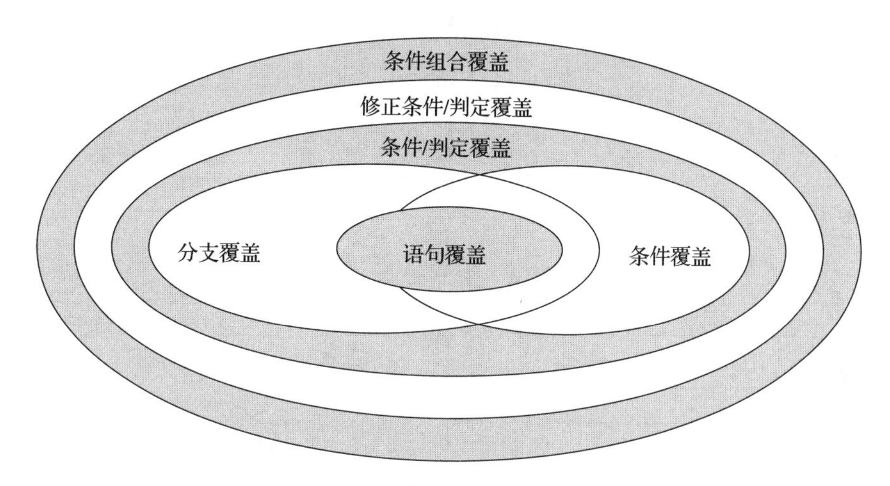

图 3-1 测试充分性关系图

根据逻辑单元的不同，存在诸如语句覆盖、分支覆盖、条件覆盖等多种逻辑覆盖标准。不同逻辑覆盖标准的实现方法和对应的覆盖强度不同。下面以图 3-2 中程序 P1 为例，说明如何实现语句、分支、条件、条件 / 判定、条件组合等多种类型覆盖。为便于读者更清楚地了解程序的逻辑结构，将 P1 程序转化为程序流程图进行说明，转化后的程序流程图如图 3-3 所示。流程图中的各条边①②…⑨表明了语句运行的先后次序。

<table>
<tr><td>s_0</td><td>void fun(int x, int y) {</td></tr>
<tr><td>s_1</td><td>a = -1;</td></tr>
<tr><td>s_2</td><td>b = -1;</td></tr>
<tr><td>s_3</td><td>if (x>0 || y>0)</td></tr>
<tr><td>s_4</td><td>a = 10;</td></tr>
<tr><td>s_5</td><td>if (x<10 && y<10)</td></tr>
<tr><td>s_6</td><td>b = 0;</td></tr>
<tr><td>s_7</td><td>}</td></tr>
</table>

图 3-2 一个示例程序 P1

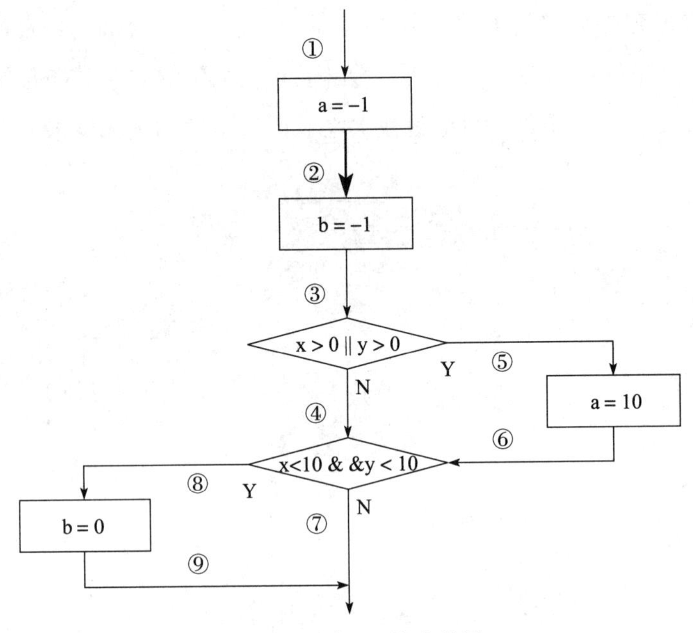

图 3-3　程序 P1 的流程图

3.1.1　语句覆盖

语句覆盖（Statement Coverage）要求程序中的每条可运行语句至少被运行一次。这就要求在程序 P1 中，语句 s_1、s_2、s_3、s_4、s_5、s_6 至少被运行一次。由于语句 s_1、s_2、s_3、s_5 不包括控制依赖语句，因此在任何输入下，这些语句都会被运行到。对于语句 s_4 和 s_6，它们分别控制依赖于语句 s_3 和 s_5。因此，需要针对 s_3 和 s_5 所包含的控制条件进行测试用例设计，以使得 s_4 和 s_6 可以被运行到。

一般情况下，可针对语句 s_3 和 s_5 中的控制条件分别设计测试用例来满足被控制语句的覆盖需求。例如，可首先针对 s_3 中的控制条件“x > 0 || y > 0”设计测试用例 $t_1 = (100, 100)$，使得语句 s_1、s_2、s_3、s_5 和 s_4 被运行；再针对 s_5 中的控制条件“x<10 || y<10”设计测试用例 $t_2 = (-10, -10)$，使得语句 s_1、s_2、s_3、s_5 和 s_6 被运行。此时，P1 中所有的语句均至少被运行一次，满足语句覆盖。然而，从节约测试成本的角度出发，测试人员期望用尽量少的测试用例完成尽量高的逻辑覆盖。因此在进行测试用例设计时，可以同时考虑控制条件“x > 0 || y > 0”和“x < 10 || y<10”。例如，设计同时满足两个控制条件的测试用例 $t_3 = (5, 5)$。图 3-4 给出 P1 在 t_1、t_2、t_3 下的

程序流程图。对比图 3-4a 和 3-4b 可知，P1 在输入 t_3 时覆盖了所有语句，而在输入 t_1 或 t_2 时并不能覆盖所有语句。此时，仅运行测试用例 t_3 即可满足语句覆盖需求。

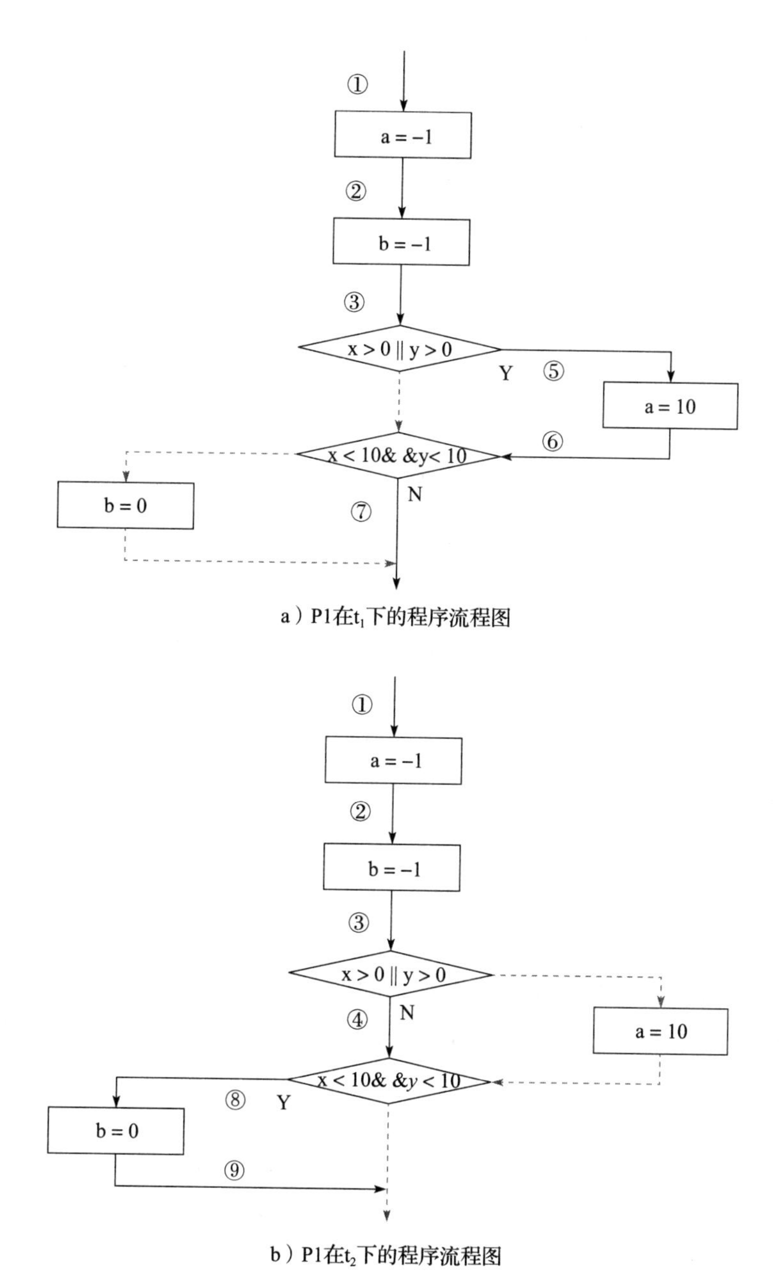

图 3-4 P1 在测试用例 $t_1 \sim t_3$ 下的程序流程图

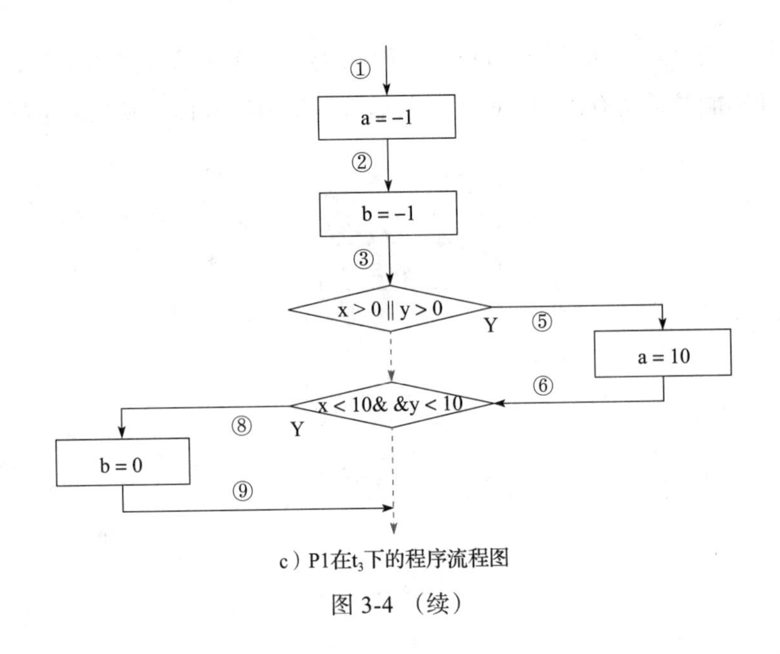

c）P1在t_3下的程序流程图

图 3-4 （续）

语句覆盖是一种较弱的覆盖准则。它只关注于程序中语句的覆盖结果，并不考虑分支的覆盖情况，由此造成缺陷检测能力较低。例如，将程序 P1 中语句 s_3 的逻辑符号“||”修改为“&&”，将语句 s_5 的逻辑符号“&&”修改为“||”。此时，使用测试用例 t_3 进行测试，程序流程图没有发生变化，t_3 依然满足语句覆盖需求。然而，程序的运行结果也没有发生变化，测试用例 t_3 并不能检测到程序中的缺陷，由此表明测试用例仅仅满足语句覆盖是不够的。

3.1.2　分支覆盖

分支覆盖（Branch Coverage）又称判定覆盖（Decision Coverage），要求程序中每个条件判定语句的真值结果和假值结果都至少出现一次。当判断取真值时程序运行真分支，判断取假值时程序运行假分支。因此，每个判断的真值结果和假值结果都至少出现一次相当于每个判断的真分支和假分支至少运行一次。

图 3-2 程序 P1 包含 s_3 和 s_5 两条条件判定语句，这就要求与 s_3、s_5 相关的真假分支④、⑤、⑦、⑧至少被运行一次。由于 P1 不存在循环结构，对于其所包含的每一条条件判定语句至少要设计两个测试用例，以满足真分支和假分支的覆盖需求。同时，为了节约测试成本，应尽量使测试用例覆盖各个条件判定语句的不同

分支。例如，可设计测试用例 t_4 = (20, 20) 和 t_5 = (−2, −2)，此时 P1 的程序流程图如图 3-5 所示，分支覆盖情况如表 3-1 所示。可以看到，t_4 覆盖了语句 s_3 的真分支⑤和语句 s_5 的假分支⑦，t_5 覆盖了 s_3 的假分支④和 s_5 的真分支⑧。由此说明，测试用例 t_4 和 t_5 可以覆盖 P1 中所有的分支，满足分支覆盖需求。

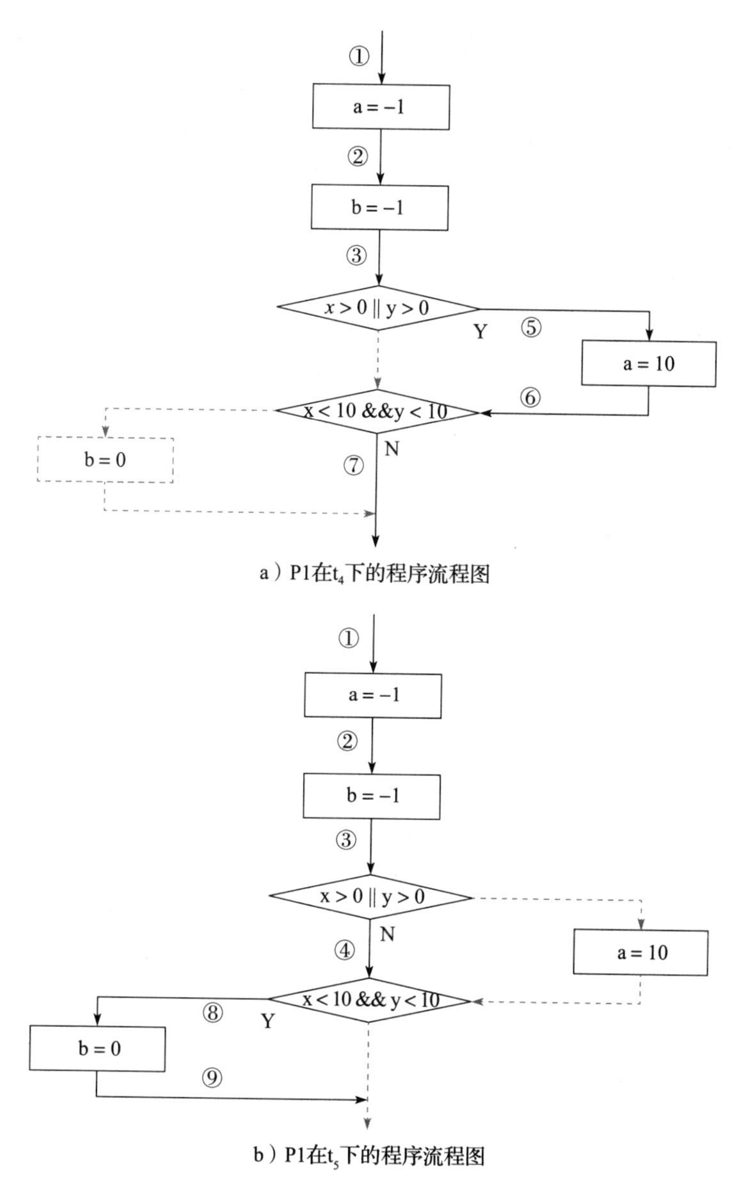

a）P1在t_4下的程序流程图

b）P1在t_5下的程序流程图

图 3-5 P1 在测试用例 t_4 和 t_5 下的程序流程图

表 3-1 P1 在测试用例 t_4 和 t_5 下的分支覆盖表

测试用例	x	y	分支覆盖结果	
			x > 0 || y > 0	x < 10 && y < 10
t_4	20	20	⑤	⑦
t_5	−2	−2	④	⑧

分支覆盖不仅考虑了各个条件判定语句的覆盖需求，还考虑了这些语句分支的覆盖需求，因而较语句覆盖测试强度更高。当某段代码没有包含条件判定语句时，可将其看作一个分支。此时，针对该段代码的分支覆盖测试需求等价于对该段代码的语句覆盖测试需求。

3.1.3 条件覆盖

条件覆盖（Condition Coverage）要求程序中每个条件判定语句的每个条件至少取一次真值和一次假值。以图 3-2 程序 P1 为例，该程序包含了 s_3 和 s_5 两条条件判定语句，每条语句各由两个条件组成，其中 s_3 包含了条件“s_3:(x > 0)”和“s_3:(y > 0)”，s_5 包含了条件“s_5:(x < 10)”和“s_5:(y < 10)”。条件覆盖要求对上述的每一个条件都至少取一次真值和一次假值。

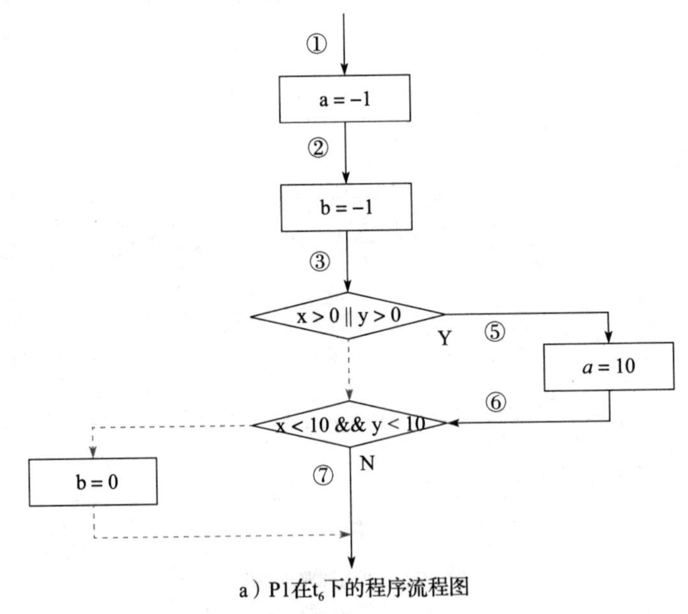

a）P1在t_6下的程序流程图

图 3-6 P1 在测试用例 t_6 和 t_7 下的程序流程图

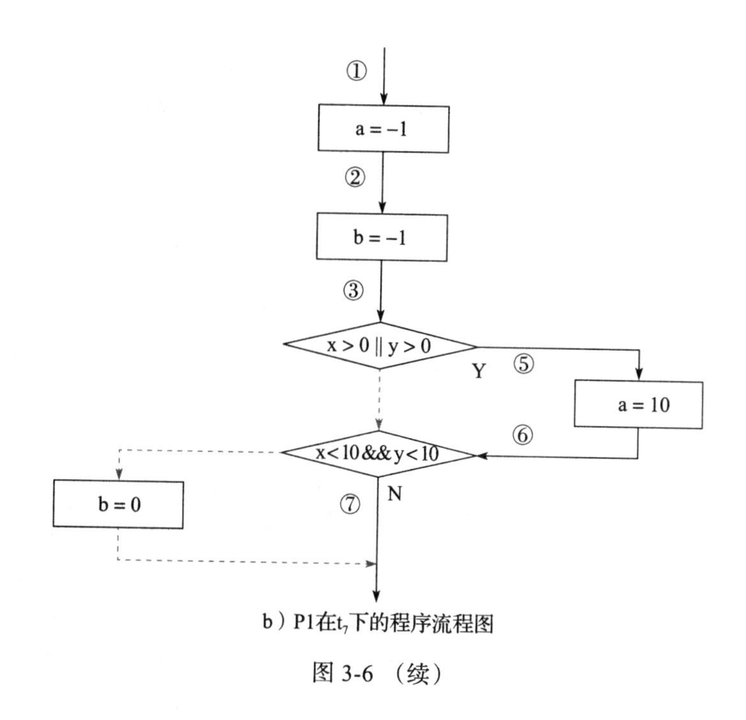

b）P1在t_7下的程序流程图

图 3-6 （续）

表 3-2　P1 在测试用例 t_6 和 t_7 下的条件覆盖表

测试用例	x	y	条件覆盖结果			
			s_3:(x > 0)	s_3:(y > 0)	s_5:(x < 10)	s_5:(y < 10)
t_6	20	−20	Y	N	N	Y
t_7	−2	20	N	Y	Y	N

为了节约测试成本，应尽量使条件在每个测试用例下的取值结果不同。例如，可设计测试用例 t_6 = (20, −20) 和 t_7 = (−20, 20)，此时 P1 的程序流程图如图 3-6 所示，条件覆盖情况如表 3-2 所示。可以看到，t_6 覆盖了条件“s_3:(x > 0)”、“s_5:(y < 10)”的真值和条件“s_3:(y > 0)”、“s_5:(x < 10)”的假值，t_7 覆盖了条件“s_3:(x > 0)”、“s_5:(y < 10)”的假值和条件“s_3:(y > 0)”、“s_5:(x < 10)”的真值。由此说明，测试用例 t_6 和 t_7 可以使程序 P1 中每个条件至少取一次真值和一次假值，满足条件覆盖需求。

分支覆盖与条件覆盖都关注于条件的取值结果，但两者存在着根本的不同。特别是，每个条件至少取得一次真值和一次假值并不意味着每条条件判断语句也至少取得一次真值和一次假值。例如，测试用例 t_6 和 t_7 在 P1 上具有相同的程序流程图结构，均覆盖了语句 s_3 的真分支⑤和语句 s_5 的假分支⑦，并不能满足分支覆盖需求。因此，虽然条件覆盖分析了更小的条件粒度，与分支覆盖相比，条件覆盖并不具有更高的测试强度。

3.1.4 条件 / 判定覆盖

条件 / 判定覆盖（Condition/Decision Coverage，C/DC）要求程序中每个条件判定语句的真值结果和假值结果都至少出现一次，且每个条件判定语句中的每个条件至少取一次真值和一次假值。

表 3-3　P1 在测试用例 t_4 和 t_5 下的条件覆盖表

测试用例	x	y	条件覆盖结果			
			$s_3:(x > 0)$	$s_3:(y > 0)$	$s_5:(x < 10)$	$s_5:(y < 10)$
t_4	20	20	Y	Y	N	N
t_5	−2	−2	N	N	Y	Y

以图 3-2 程序 P1 为例，该程序包含 s_3 和 s_5 两条条件判定语句，每条语句各由两个条件组成，其中 s_3 包含了条件“$s_3:(x > 0)$”和“$s_3:(y > 0)$”，s_5 包含了条件“$s_5:(x < 10)$”和“$s_5:(y < 10)$”，条件 / 判定要求与 s_3、s_5 相关的真假分支④、⑤、⑦、⑧至少被运行一次，同时每一个条件至少取一次真值和一次假值。为了节约测试成本，应尽量使测试用例覆盖各个条件判定语句的不同分支，并尽量使条件在每个测试用例下的取值结果不同。例如，可设计测试用例 $t_4 = (20, 20)$ 和 $t_5 = (-2, -2)$，此时 P1 的程序流程图如图 3-5 所示，分支覆盖情况如表 3-1 所示，条件覆盖情况如表 3-3 所示。可以看到，t_4 覆盖了条件“$s_3:(x > 0)$”、“$s_3:(y > 0)$”的真值和条件“$s_5:(y < 10)$”、“$s_5:(x < 10)$”的假值，t_5 覆盖了条件“$s_3:(x > 0)$”、“$s_3:(y>0)$”的假值和条件“$s_5:(x < 10)$”、“$s_5:(y < 10)$”的真值。前期分析表明测试用例 t_4 和 t_5 已满足分支覆盖需求，由此说明，测试用例 t_4 和 t_5 可以使程序 P1 中每个分支至少被覆盖一次、每个条件至少取一次真值和一次假值，满足条件 / 判定覆盖需求。

再例如，图 3-7 给出了一个三角形判定程序片段 P2，该段程序包含了一条分支语句 s_2，其中包含了“$s_2:(a < b + c)$”、“$s_2:(b < a + c)$”、“$s_2:(c < a + b)$”等 3 个

条件。为了方便读者更清楚地了解程序的逻辑结构，将P2程序转化为程序流程图进行说明，转化后的程序流程图如图3-8所示。流程图中的各条边①②…⑦表明了语句运行的先后次序。

s_0	`boolean fun2(double a, double b, double c) {`
s_1	`    boolean is_Triangle;`
s_2	`    if ((a < b + c) && (b < a + c) && (c < a + b))`
s_3	`        is_Triangle = true;`
s_4	`    else`
s_5	`        is_Triangle = false;`
s_6	`    return is_Triangle;`
s_7	`}`

图3-7 一个示例程序P2

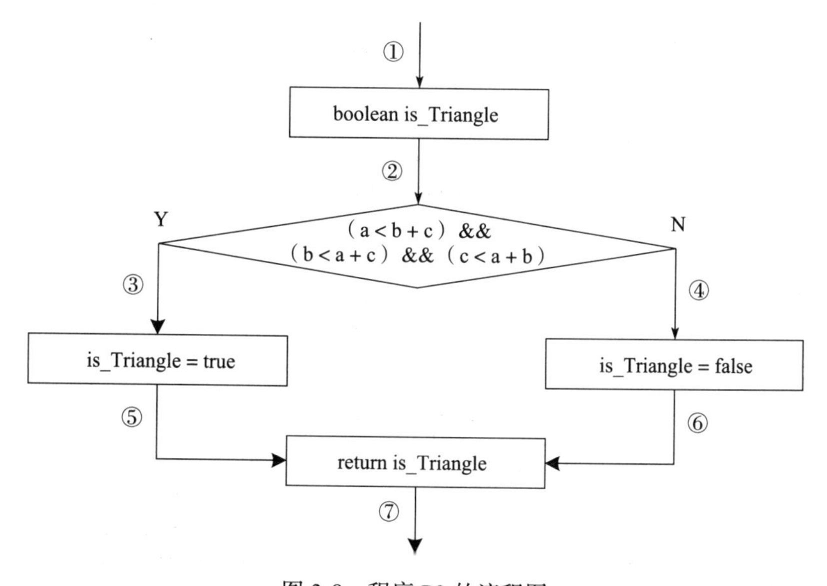

图3-8 程序P2的流程图

对程序P2进行测试时，若要同时满足分支覆盖和条件覆盖，则要使得语句s_2的真分支⑤和假分支⑥至少被运行一次，每个条件至少取一次真值和假值。为了节约测试成本，应尽量使测试用例覆盖各个条件判定语句的不同分支，并尽量使条件在每个测试用例下的取值结果不同。例如，可设计测试用例t_8 = (1, 1, 1)、

t_9 = (1, 2, 3)、t_{10} = (3, 1, 2) 和 t_{11} = (2, 3, 1)，此时 P2 的程序流程图如图 3-9 所示，分支覆盖情况如表 3-4 所示，条件覆盖情况如表 3-5 所示。可以看到，测试用例 t_8 ～ t_{11} 覆盖了程序 P2 中的每条分支以及每个条件的真假值，由此说明这些测试用例满足条件 / 判定覆盖需求。

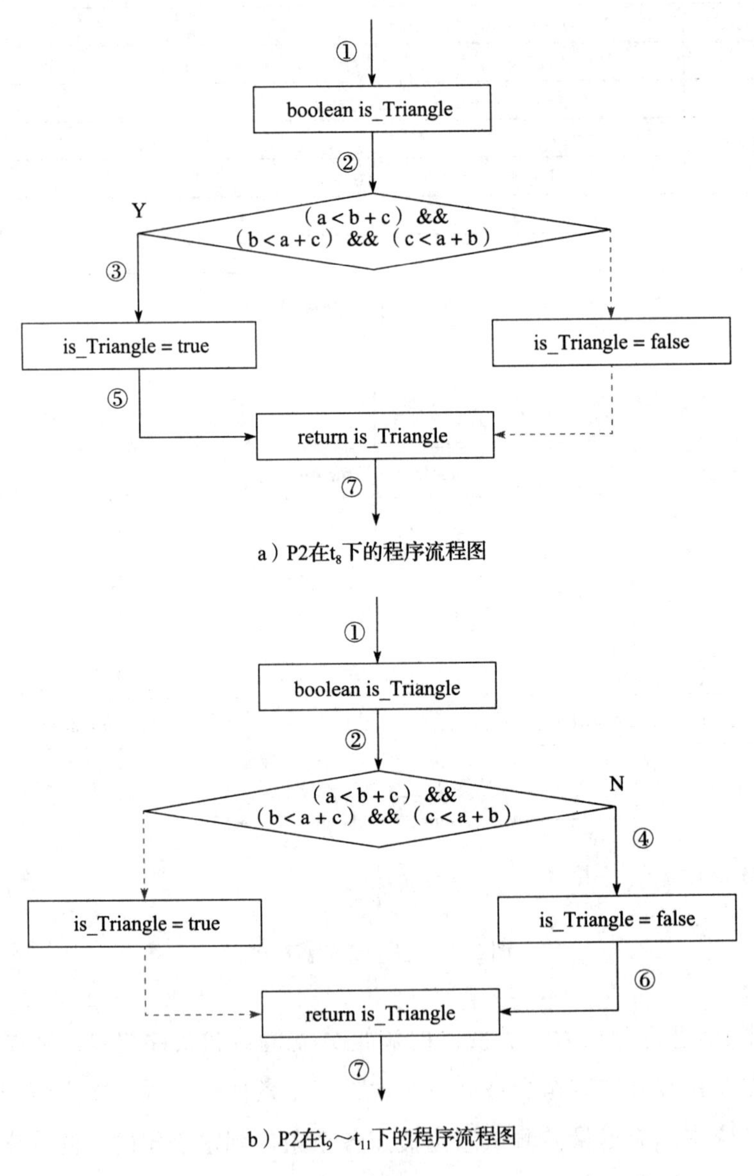

图 3-9　P2 在测试用例 t_8 ～ t_{11} 下的程序流程图

表 3-4 P2 在测试用例 $t_8 \sim t_{11}$ 下的分支覆盖表

测试用例	a	b	c	分支覆盖结果
				(a < b + c) && (b < a + c) && (c < a + b)
t_8	1	1	1	⑤
t_9	1	2	3	⑥
t_{10}	3	1	2	⑥
t_{11}	2	3	1	⑥

表 3-5 P2 在测试用例 $t_8 \sim t_{11}$ 下的条件覆盖表

测试用例	a	b	c	条件覆盖结果		
				s_2:(a < b + c)	s_2:(b < a + c)	s_2:(c < a + b)
t_8	1	1	1	Y	Y	Y
t_9	1	2	3	Y	N	N
t_{10}	3	1	2	Y	Y	N
t_{11}	2	3	1	N	Y	N

条件 / 判定覆盖要求测试用例既满足条件覆盖需求，也满足分支覆盖需求，因而与条件覆盖和分支覆盖相比其测试强度更高。

3.1.5 修正条件 / 判定覆盖

与条件 / 判定覆盖相比，修正条件 / 判定覆盖（Modified Condition/Decision Coverage，MC/DC）是测试强度更高的逻辑覆盖标准，也是应用更广泛、测试效果更佳的逻辑覆盖标准。在满足条件 / 判定覆盖的基础上，修正条件 / 判定覆盖要求测试用例还要同时满足以下两个条件：1）程序中的每个入口点和出口点至少被执行一次；2）每个条件都曾独立地影响判定结果，即在其他所有条件不变的情况下，改变该条件的值使得判定结果发生改变。

表 3-6 满足合取式“A and B”的条件取值

测试用例编号	A	B	判定结果
1	True	True	True
2	False	True	False
3	True	False	False

表 3-7　满足析取式“A or B”的条件取值

测试用例编号	A	B	判定结果
1	True	False	True
2	False	False	False
3	False	True	True

对于一个具有 N 个条件的布尔表达式，满足 MC/DC 准则的测试用例集至少需要 $N + 1$ 个测试用例。仅包含 $N + 1$ 个测试用例的集合称为最小测试用例集。用 A 和 B 表示两个单个条件。对于合取式“A and B”，表 3-6 给出满足 MC/DC 的各个条件取值。例如，当条件 A 取值为 True 时，条件 B 取值为 True 则该判定式取值为 True，条件 B 取值为 False 则该判定式取值为 False。对于析取式“ A or B”，表 3-7 给出满足 MC/DC 的各个条件取值。例如，当条件 A 取值为 False 时，条件 B 取值为 True 则该判定式取值为 True，条件 B 取值为 False 则该判定式取值为 False。

表 3-8　P1 在测试用例 t_{12} ～ t_{17} 下的分支覆盖表

<table>
<tr><th rowspan="2">测试用例</th><th rowspan="2">x</th><th rowspan="2">y</th><th colspan="2">分支覆盖结果</th></tr>
<tr><th>x > 0 || y > 0</th><th>x < 10 && y < 10</th></tr>
<tr><td>t_{12}</td><td>15</td><td>−5</td><td>⑤</td><td>⑦</td></tr>
<tr><td>t_{13}</td><td>−5</td><td>−5</td><td>④</td><td>⑧</td></tr>
<tr><td>t_{14}</td><td>−5</td><td>15</td><td>⑤</td><td>⑦</td></tr>
<tr><td>t_{15}</td><td>−5</td><td>−5</td><td>④</td><td>⑧</td></tr>
<tr><td>t_{16}</td><td>15</td><td>−5</td><td>⑤</td><td>⑦</td></tr>
<tr><td>t_{17}</td><td>−5</td><td>15</td><td>⑤</td><td>⑦</td></tr>
</table>

表 3-9　P1 在测试用例 t_{12} ～ t_{17} 下的条件覆盖表

测试用例	x	y	条件覆盖结果			
			s_3:(x > 0)	s_3:(y > 0)	s_5:(x < 10)	s_5:(y < 10)
t_{12}	15	−5	Y	N	N	Y
t_{13}	−5	−5	N	N	Y	Y
t_{14}	−5	15	N	Y	Y	N
t_{15}	−5	−5	N	N	Y	Y
t_{16}	15	−5	Y	N	N	Y
t_{17}	−5	15	N	Y	Y	N

以图 3-2 程序 P1 为例，该程序包含 s_3 和 s_5 两条条件判定语句，每条语句各由两个条件组成，其中 s_3 包含了条件“s_3:(x > 0)”和“s_3:(y > 0)”，s_5 包含了条件“s_5:(x < 10)”和“s_5:(y < 10)”，修正条件 / 判定要求与 s_3、s_5 相关的真假分支④、⑤、⑦、⑧至少被运行一次，且每一个条件至少取一次真值和一次假值。同时，修正条件 / 判定还要求 P1 中每个入口节点（语句 s_1）和出口节点（语句 s_5 和 s_6）至少被执行一次，每个条件都可独立地影响判定结果，即条件“s_3:(x > 0)”和“s_3:(y > 0)”可以影响判定式“x > 0 || y > 0”，条件“s_5:(x < 10)”和“s_5:(y < 10)”可以影响判定式“x < 10 && y < 10”。判定式“x > 0 || y > 0”为析取式，因此可根据表 3-7 设计测试用例 t_{12} ～ t_{14} 来满足相关需求；判定式“x < 10 && y < 10”为合取式，因此可根据表 3-6 设计测试用例 t_{15} ～ t_{17}，来满足相关需求。测试用例 t_{12} ～ t_{17} 的分支覆盖结果和条件覆盖结果如表 3-8 和表 3-9 所示。可以看到，测试用例 t_{12} ～ t_{17} 覆盖了程序 P1 中的每条分支、每个条件的真假值、每个入口节点和出口节点。同时，每个条件都曾独立地影响判定结果。为了节约测试成本，应尽量使测试用例覆盖各个条件判定语句的不同分支，并尽量使条件在每个测试用例下的取值结果不同。可以看到，测试用例 t_{12} 与 t_{16} 是相同的，t_{13} 与 t_{15} 是相同的，t_{14} 与 t_{17} 是相同的。此时，只需要 3 个测试用例即可满足程序 P1 的修正条件 / 判定覆盖。

3.1.6　条件组合覆盖

条件组合覆盖（Multiple Condition Coverage，MCC）要求每条条件判定语句中条件取值的各种组合至少出现一次。对于图 3-2 的程序 P1，该程序中的每条分支判定语句各包含两个条件，因而针对每条分支判定语句至少需要设计“真 – 真”、“真 – 假”、“假 – 真”、“假 – 假”等四个测试用例来测试每条分支判定语句的各种条件组合。从节约测试资源的角度出发，应使满足第一条分支判定语句条件组合覆盖的测试用例也可满足第二条分支判定语句的条件组合覆盖需求。例如，可设计测试用例 t_{18} = (50, 50)、t_{19} = (–5, –5)、t_{20} = (50, –5) 和 t_{21} = (–5, 50)，此时 P1 的程序流程图如图 3-10 所示，分支覆盖情况如表 3-10 所示，条件覆盖情况如表 3-11 所示。可以看到，测试用例 t_{18} ～ t_{21} 覆盖了程序 P1 中每条条件判定语句中条件取值的各种组合，由此说明这些测试用例满足条件组合覆盖需求。

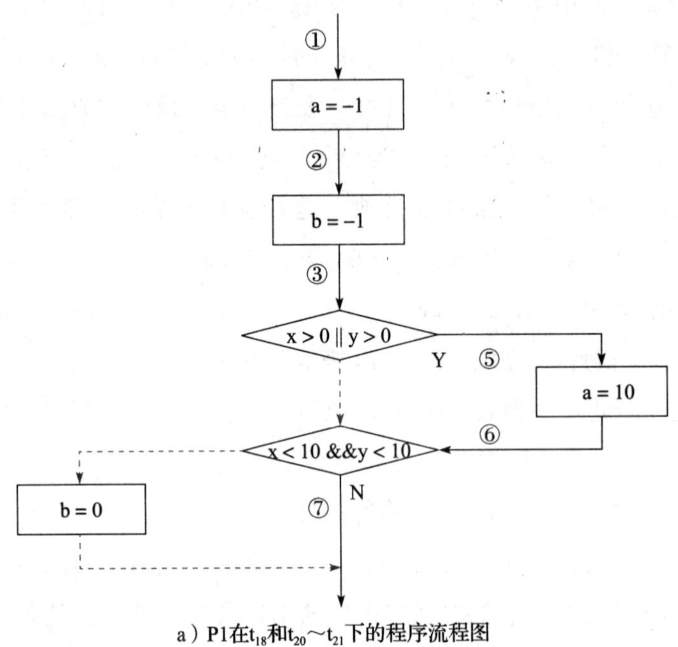

a）P1在t_{18}和t_{20}～t_{21}下的程序流程图

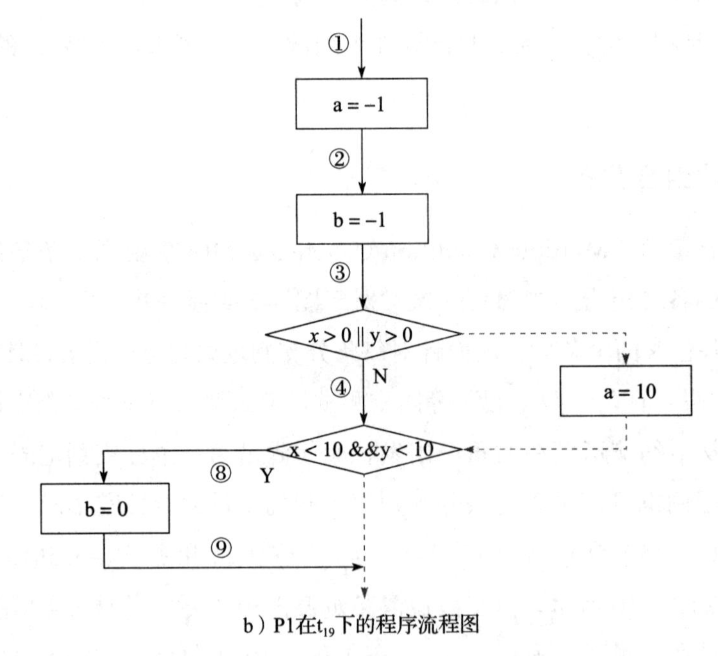

b）P1在t_{19}下的程序流程图

图 3-10　P1 在 t_{18} ～ t_{21} 下的程序流程图

表 3-10　P1 在测试用例 $t_{18} \sim t_{21}$ 下的分支覆盖表

测试用例	x	y	分支覆盖结果	
			x > 0 || y > 0	x < 10 && y < 10
t_{18}	50	50	⑤	⑦
t_{19}	–5	–5	④	⑧
t_{20}	50	–5	⑤	⑦
t_{21}	–5	50	⑤	⑦

表 3-11　P1 在测试用例 $t_{18} \sim t_{21}$ 下的条件覆盖表

测试用例	x	y	条件覆盖结果			
			s_3:(x > 0)	s_3:(y > 0)	s_5:(x < 10)	s_5:(y < 10)
t_{18}	50	50	Y	Y	N	N
t_{19}	–5	–5	N	N	Y	Y
t_{20}	50	–5	Y	N	N	Y
t_{21}	–5	50	N	Y	Y	N

显然，满足条件组合覆盖的测试用例一定同时满足分支覆盖、条件覆盖和条件 / 判定覆盖。因此，条件组合覆盖的测试强度要高于分支覆盖、条件覆盖和条件 / 判定覆盖的测试强度。

3.2　路径覆盖测试

3.2.1　环复杂度

“简单就是可靠”是软硬件设计过程的一条基本原则。软件的复杂度越高，其所需的开发成本和维护成本也更高。因此，程序应保持在合理的复杂度范围内，确保不会带来过高软件开发和维护成本。此外，对软件复杂度进行衡量还可帮助研发人员识别难于测试和维护的模块，以安排工程进度。

如何度量程序的复杂度是软件研发过程中的重要问题。软件的规模也是度量软件研发成本的重要参考依据，然而它并不能有效地反映一个程序的复杂程度。一个由 1000 行输入、赋值、输出语句构成的程序并不比一个 100 行的排序算法更复杂。因此，用软件规模来评估程序的复杂度是十分片面和不准确的。环复杂度（Cyclomatic Complexity Metric）是程序复杂度度量的常用方法。程序的控制路径越复杂，其所产生的程序环路越多，研发人员理解和分析程序时所须考虑的因素就越多。因此，环复杂度可用于定量分析程序的逻辑复杂度。

环复杂度 v 可通过程序控制流图 g 中区域、节点、判定节点和边的数目 num_{area}、num_{node}、num_{node_branch}、num_{edge} 来计算。其中，在控制流图中由节点和边所围成的部分称为区域。具体可包括以下三种方法：

1）基于区域数目的计算方法：

$$v(g) = num_{area}$$

2）基于边和节点数目的计算方法：

$$v(g) = num_{edge} - num_{node} + 2$$

3）基于判定节点数目的计算方法：

$$v(g) = num_{node\_branch} + 1$$

对于同一个程序（或控制流图），用上述三种方法计算得到的环复杂度结果是一致的。

下面以图 3-11 中闰年判断程序 P3 为例来说明如何计算程序的环复杂度。在计算环复杂度前，需要预先将其转化为程序控制流图 g_3，转化结果如图 3-12 所示。通过 g_3，可知程序包含 a_1、a_2、a_3、a_4 等 4 个区域，s_1、s_2、s_3、s_4、s_6、s_8、s_{10}、s_{11} 等 8 个节点，其中 s_1、s_2、s_3 是判定节点，以及 e_1、e_2、e_3、e_4、e_5、e_6、e_7、e_8、e_9、e_{10}、e_{11}、e_{12} 等 12 条边。此时，程序 P3 的环复杂度 $v(g_3)$ 计算结果如下：

$$v(g_3) = num_{area} = num_{edge} - num_{node} + 2 = num_{node\_branch} + 1 = 4$$

3.2.2　基本路径覆盖

基本路径覆盖（Basis Path Coverage）是以程序控制流图中的独立路径作为覆盖目标的测试方法。通过 2.2.1 节可知，程序可被抽象为一个以语句（或语句块）

为节点、以语句间运行次序为边的控制流图。其中，语句的运行次序可通过程序的顺序、选择、循环等结构来判定。

s_0	int isLeap (int year) {
s_1	if (0 == year % 4) {
s_2	if (0 == year % 100) {
s_3	if (0 != year % 400)
s_4	leap = 1;
s_5	else
s_6	leap = 0;
s_7	} else
s_8	leap = 1;
s_9	} else
s_{10}	leap = 0;
s_{11}	return leap;
s_{12}	}

图 3-11　一个示例程序 P3

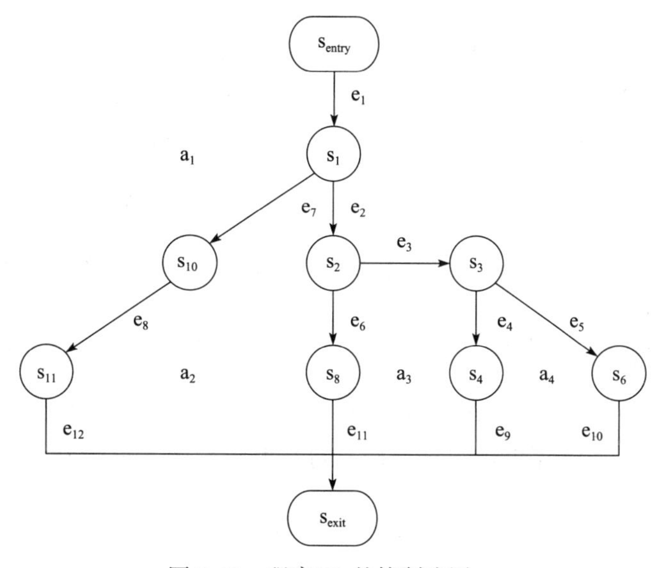

图 3-12　程序 P3 的控制流图 g_3

在控制流图中，从程序入口节点到出口节点所经过节点（或边）的有序排列称为路径，用路径表达式来表示。图 3-13 给出了一个控制流图示例，存在 $s_{entry} \rightarrow$

$s_1 \rightarrow s_2 \rightarrow s_4 \rightarrow s_5 \rightarrow s_{exit}$、$s_{entry} \rightarrow s_1 \rightarrow s_2 \rightarrow s_3 \rightarrow s_4 \rightarrow s_5 \rightarrow s_{exit}$ 等路径，这些路径也可用 $e_1 \rightarrow e_2 \rightarrow e_3 \rightarrow e_6 \rightarrow e_8$、$e_1 \rightarrow e_2 \rightarrow e_4 \rightarrow e_5 \rightarrow e_6 \rightarrow e_8$ 来表示。值得注意的是，当程序存在循环结构时，如果循环的次数不同，运行路径也是不同的。例如图 3-13 中的两条路径 p_1（$s_{entry} \rightarrow s_1 \rightarrow s_2 \rightarrow s_4 \rightarrow s_5 \rightarrow s_{exit}$）和 p_2（$s_{entry} \rightarrow s_1 \rightarrow s_2 \rightarrow s_4 \rightarrow s_5 \rightarrow s_1 \rightarrow s_2 \rightarrow s_4 \rightarrow s_5 \rightarrow s_{exit}$），尽管它们覆盖的语句内容是相同的，但运行路径不同。为了便于路径表述，可在路径表达式中增加加法和乘法来增强其路径表达能力。其中，加法用于表示选择结构，乘法用于表示循环结构。例如，对于图 3-13 所示控制流图，用 $e_1 \rightarrow (e_2 \rightarrow (e_3+e_4 \rightarrow e_5) \rightarrow e_6)^n \rightarrow e_8$ 即可完全表达，n 表示循环次数。

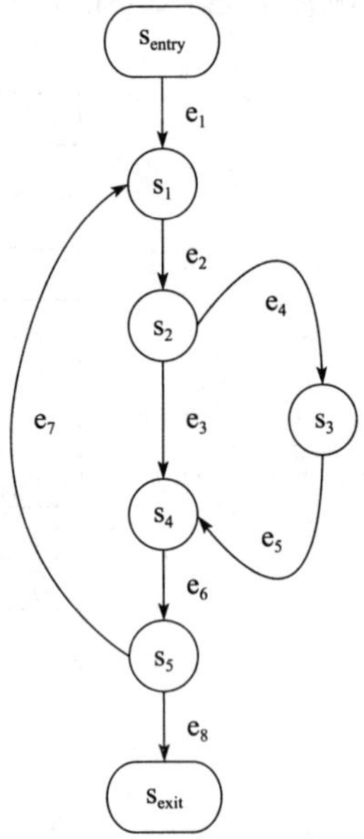

图 3-13　一个控制流图示例

为了开展充分的测试，理想情况下测试人员期望对程序中每一条路径进行测试。然而，针对程序中每一条路径进行测试通常是不可行的。一方面，程序可能包含循环结构，导致程序的路径长度和数量无限，无法开展穷举测试。另一方面，在程序不包含循环结构或循环次数受限的情形下，程序所包含的选择结构也会使得程序所包含的路径条数呈指数增长，造成穷举测试的不可行。以图 3-13 为例，该程序仅包含一条分支语句 s_2 和一条循环语句 s_5，路径数量为 $\sum_{i=1}^{+\infty} 2^i$。若限定最大循环次数为 50，此时该程序的路径数量为 $\sum_{i=1}^{50} 2^i \approx 2.25E + 15$。若每次程序运行耗费 10μs，在程序不间断运行的情况下对程序每一条路径进行测试需要耗费约 143 年。由此表明，即便待测程序结构十分简单，对程序中的每一条路径进行测试也是不可行的。

由于对程序中的可运行路径进行穷举测试是不可行的，因此只能选择部分可运行路径作为测试目标。基本路径覆盖测试是一类以路径作为测试需求的测试方法，该方法在程序控制流图的基础上，通过分析程序的环路复杂性导出独立运行路径集合作为测试需求以进行测试。独立路径是指与其他独立路径相比至少包含一个新节点的路径。由于程序中的每条语句至少会包含在一个独立路径中，在测试时满足独立路径覆盖需求也必定满足语句覆盖需求。

基本路径覆盖测试基本步骤如下：首先，构建程序控制流图，用于描述程序的控制流结构；其次，计算环复杂度，该复杂度确定了程序基本路径集合中独立路径条数的上界；再次，根据环复杂度确定独立路径集合；最后，针对每一条独立路径设计测试用例。

以图 3-11 程序 P3 为例来进一步说明基本路径覆盖测试方法。根据 3.2.1 节计算结果，程序 P3 的环复杂度为 4。因此，程序 P3 包含 4 条独立路径，分析图 3-12 可知该程序的独立路径为 p_3 ($s_{entry} \rightarrow s_1 \rightarrow s_{10} \rightarrow s_{11} \rightarrow s_{exit}$)、$p_4$ ($s_{entry} \rightarrow s_1 \rightarrow s_2 \rightarrow s_8 \rightarrow s_{exit}$)、$p_5$ ($s_{entry} \rightarrow s_1 \rightarrow s_2 \rightarrow s_3 \rightarrow s_4 \rightarrow s_{exit}$)、$p_6$ ($s_{entry} \rightarrow s_1 \rightarrow s_2 \rightarrow s_3 \rightarrow s_6 \rightarrow s_{exit}$)。在此基础上，以每一条独立路径作为测试需求设计测试用例，从而使测试结果符合独立路径覆盖标准。例如，可设计测试输入 t_{16} = (1001)、t_{17} = (1004)、t_{18} = (1100)、t_{19} = (2000) 来分别满足独立路径 p_3、p_4、p_5、p_6 的覆盖需求。

3.2.3 主路径覆盖

路径所包含节点的个数称为路径长度。若路径 q 由路径 m、p、n 连接而成（m、n 可以为空），则称 p 是 q 的子路径。给定一条路径，当它的起点和终点不同时，若路径中不存在重复出现的节点，则该路径称为简单路径；当它的起点和终点相同时，其他节点均没有重复出现，则该路径也称为简单路径。如果一条简单路径不是其他简单路径的子路径，则被称为主路径。主路径覆盖（Primary Path Coverage）就是对程序设计测试用例，以覆盖所有主路径的测试过程。

分析控制流图可知程序在不同路径长度上的简单路径。例如，对于图 3-14 的示例程序 P4，其控制流图如图 3-15 所示。表 3-12 给出了 P4 所有的简单路径。其中，路径末尾的“!”表示该简单路径不可再延伸。路径不可延伸表示路径继续延伸会违背简单路径的定义。路径末尾的“*”表示该简单路径是一个环路，继续延伸同样会违背简单路径的定义。

s_0	`public int calc(int x, int y) {`
s_1	`int i = 0;`
s_2	`if (x < y) {`
s_3	`while(i <10){`
s_4	`x = f(y, i);`
s_5	`i++;`
s_6	`}`
s_7	`} else if (x == y)`
s_8	`x = x + y;`
s_9	`else`
s_{10}	`x = x - y;`
s_{11}	`return x;`
s_{12}	`}`

图 3-14 一个示例程序 P4

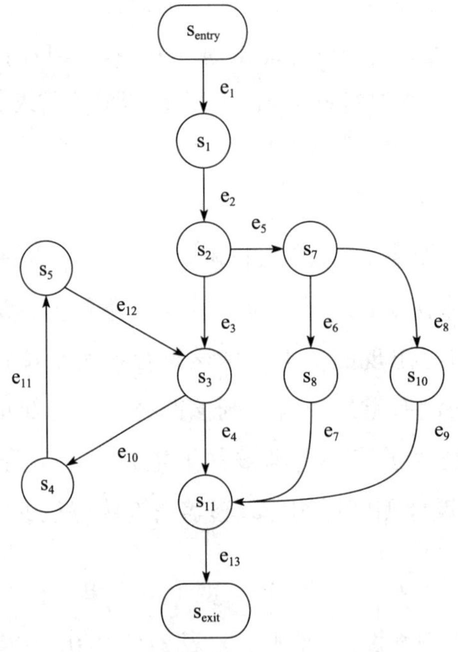

图 3-15 示例程序 P4 的控制流图

在得到程序所有简单路径后，可根据以下准则进一步分析生成程序的主路径：

1）没有标注“!”或“*”的简单路径还可以再延伸，它们是更长简单路径的子路径，因此它们可以被排除。

表 3-12　示例程序 P4 的简单路径

长度	路径	长度	路径
1	s_1 s_2 s_3 s_4 s_5 s_7 s_8 s_{10} s_{11}	4	$s_2 \rightarrow s_3 \rightarrow s_4 \rightarrow s_5$! $s_3 \rightarrow s_4 \rightarrow s_5 \rightarrow s_3$* $s_4 \rightarrow s_5 \rightarrow s_3 \rightarrow s_{11}$! $s_1 \rightarrow s_2 \rightarrow s_3 \rightarrow s_{11}$! $s_1 \rightarrow s_2 \rightarrow s_7 \rightarrow s_8$ $s_1 \rightarrow s_2 \rightarrow s_7 \rightarrow s_{10}$ $s_2 \rightarrow s_7 \rightarrow s_8 \rightarrow s_{11}$! $s_2 \rightarrow s_7 \rightarrow s_{10} \rightarrow s_{11}$!
2	$s_4 \rightarrow s_5$ $s_1 \rightarrow s_2$ $s_2 \rightarrow s_3$ $s_2 \rightarrow s_7$ $s_3 \rightarrow s_{11}$! $s_7 \rightarrow s_8$ $s_7 \rightarrow s_{10}$ $s_8 \rightarrow s_{11}$! $s_{10} \rightarrow s_{11}$!	5	$s_1 \rightarrow s_2 \rightarrow s_3 \rightarrow s_4 \rightarrow s_5$! $s_1 \rightarrow s_2 \rightarrow s_7 \rightarrow s_8 \rightarrow s_{11}$! $s_1 \rightarrow s_2 \rightarrow s_7 \rightarrow s_{10} \rightarrow s_{11}$!
3	$s_3 \rightarrow s_4 \rightarrow s_5$ $s_4 \rightarrow s_5 \rightarrow s_3$ $s_1 \rightarrow s_2 \rightarrow s_3$ $s_1 \rightarrow s_2 \rightarrow s_7$ $s_2 \rightarrow s_3 \rightarrow s_{11}$! $s_2 \rightarrow s_7 \rightarrow s_8$ $s_2 \rightarrow s_7 \rightarrow s_{10}$ $s_7 \rightarrow s_8 \rightarrow s_{11}$! $s_7 \rightarrow s_{10} \rightarrow s_{11}$!	—	—

2）标注“*”的简单路径由于起点和终点是同一个节点，两端不可能再延伸，因此它们是主路径。

3）在标注“!”的简单路径中，长度最长的肯定是主路径，因为它们不可能是其他简单路径的子路径；剩下的按照长度从长到短的顺序，检查是否被已有主路径包含，若是则排除，否则列为主路径。

根据上述规则，可知程序 P4 的主路径如表 3-13 所示。对比程序 P4 的简单路径和主路径可知，主路径的数目远远小于简单路径的数目。不过，即便主路径的数量较少，也会存在一些冗余。例如在程序 P4 中，循环结构造成了主路径 $s_3 \rightarrow s_4 \rightarrow s_5 \rightarrow s_3$。

表 3-13 示例程序 P4 的主路径

长度	路径	长度	路径
4	$s_1 \rightarrow s_2 \rightarrow s_3 \rightarrow s_{11}$ $s_4 \rightarrow s_5 \rightarrow s_3 \rightarrow s_{11}$ $s_3 \rightarrow s_4 \rightarrow s_5 \rightarrow s_3$	5	$s_1 \rightarrow s_2 \rightarrow s_7 \rightarrow s_8 \rightarrow s_{11}$ $s_1 \rightarrow s_2 \rightarrow s_7 \rightarrow s_{10} \rightarrow s_{11}$ $s_1 \rightarrow s_2 \rightarrow s_3 \rightarrow s_4 \rightarrow s_5$

在确定主路径后，即可分析生成测试路径集，测试路径集需要覆盖所有主路径。表 3-14 给出程序 P4 的测试路径集，其中 $s_1 \rightarrow s_2 \rightarrow s_7 \rightarrow s_8 \rightarrow s_{11}$、$s_1 \rightarrow s_2 \rightarrow s_7 \rightarrow s_{10} \rightarrow s_{11}$、$s_1 \rightarrow s_2 \rightarrow s_3 \rightarrow s_4 \rightarrow s_5 \rightarrow s_3 \rightarrow s_4 \rightarrow s_5 \rightarrow s_3 \rightarrow s_{11}$ 为可达路径，$s_1 \rightarrow s_2 \rightarrow s_3 \rightarrow s_{11}$ 为不可达路径。在进行主路径覆盖测试时，应针对三条可达路径生成测试用例。

表 3-14 示例程序 P4 的测试路径

长度	路径	可达
4	$s_1 \rightarrow s_2 \rightarrow s_3 \rightarrow s_{11}$	否
5	$s_1 \rightarrow s_2 \rightarrow s_7 \rightarrow s_8 \rightarrow s_{11}$ $s_1 \rightarrow s_2 \rightarrow s_7 \rightarrow s_{10} \rightarrow s_{11}$	是
10	$s_1 \rightarrow s_2 \rightarrow s_3 \rightarrow s_4 \rightarrow s_5 \rightarrow s_3 \rightarrow s_4 \rightarrow s_5 \rightarrow s_3 \rightarrow s_{11}$	是

3.2.4 循环结构测试

在顺序、选择、循环等程序结构中，循环是最复杂的一种结构。由于循环次数的不确定性，存在于循环结构中的缺陷更难被检测和定位。同时，前一节的分析也表明循环是造成运行路径数量膨胀的重要原因。因此，应当将程序中的循环结构作为测试和分析重点，并对循环变量采用边界值测试等方法以验证其正确性。

如图 3-16 所示，程序中一般存在四种循环结构：简单循环、连接循环、嵌套循环和非结构循环。其中，图 3-16a 表示单个循环结构，可以分为 UNTIL 循环和 WHILE 循环；图 3-16b 表示两个或两个以上循环串联得到的循环结构；图 3-16c

表示循环包含于其他循环的循环结构；图 3-16d 表示存在从一个循环跳转到其他循环的循环结构。

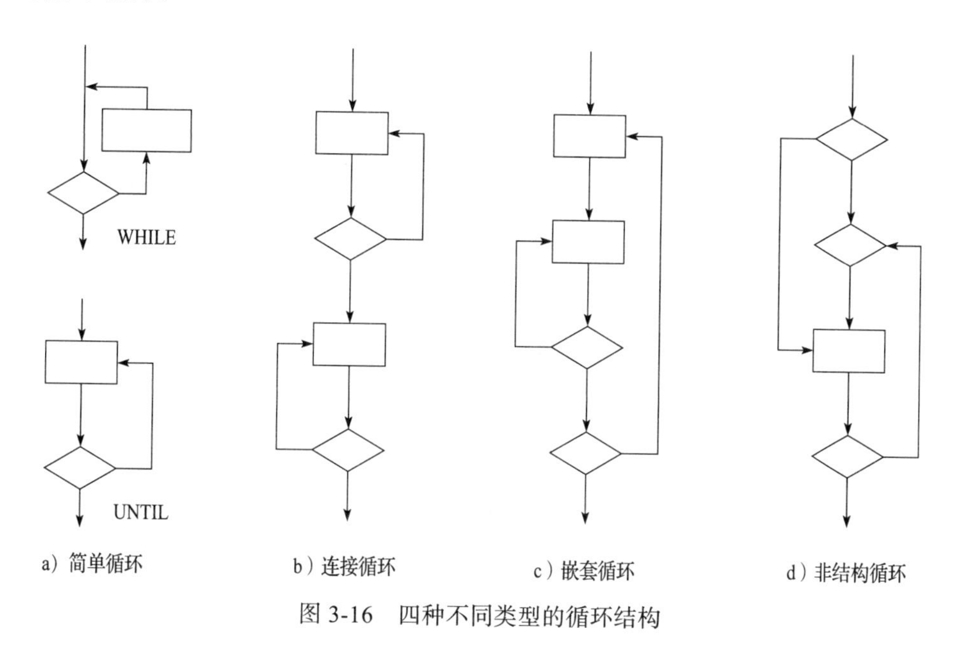

图 3-16　四种不同类型的循环结构

对于不同的循环结构，需要针对性地设计相应的测试方法。

（1）简单循环测试

对于简单循环测试，用 i 表示循环次数控制变量，分别用 m 和 n 表示实际循环次数和最大循环次数。此时，应当针对 i 采用基于 7 点法的边界值测试（见图 3-17），即测试用例应当包括：① $i = 0$，直接跳过循环体；② $i = 1$，运行一遍循环体；③ $i = 2$，运行两遍循环体；④ $i = m$，运行 m 遍循环体；⑤ $i = n - 1$，运行 $n - 1$ 遍循环体；⑥ $i = n$，运行 n 遍循环体；⑦ $i = n + 1$，运行 $n + 1$ 循环次数。

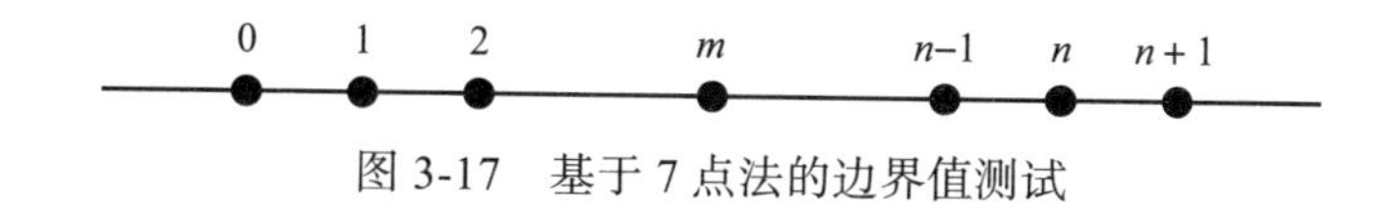

图 3-17　基于 7 点法的边界值测试

（2）连接循环测试

对于连接循环测试，如果相连接的循环体相互独立，可以按照简单循环测试方法测试每一个循环体；如果前一个循环体循环变量的最终结果是后一个循环体循环变量的初始值，那么可采用针对嵌套循环的测试方法。

（3）嵌套循环测试

对于嵌套循环测试，建议测试策略如下：①选择最内层循环体作为起始点，并将其他层的循环控制变量设置为最小值；②依照简单循环测试策略对最内层循环体进行测试，外层循环控制变量仍为最小值；③向外扩展至下一层循环体，所有外层循环控制变量设置为最小值，所有内层循环控制变量选择典型值；④持续运行步骤3直至嵌套循环体测试完毕。

（4）非结构循环测试

对于非结构循环测试，目前尚不存在特定的测试策略。因此，当发现程序中存在非结构循环体时，建议将其修改为其他类型循环结构。

3.3　小结

本章介绍了白盒测试方法，主要包括以程序逻辑结构为基础的各类逻辑测试方法和以程序路径为基础的各类路径测试方法。同时，本章还分析比较了它们之间的测试强度。白盒测试要求软件内部的结构和代码透明可见。与测试人员相比，软件代码的开发者更加了解软件的逻辑结构，在测试需求未能满足时更容易发现其背后的原因，也因而更适合承担白盒测试的角色。

习题3

一、单项选择题

1. 对于下面的计算个人所得税程序，满足判定覆盖的测试用例是（　　）。

```
if (income<800)     taxrate=0;
    else if (income<=1500)    taxrate=0.05;
        else if (income<2000)    taxrate=0.08;
            else taxrate=0.1;
```

A. income = (799, 1500, 1999, 2000)　　B. income = (799, 1501, 2000, 2001)

C. income = (800, 1500, 2000, 2001)　　D. income = (800, 1499, 2000, 2001)

2. 如果一个判定中的复合条件表达式为:(A > 1) or (B <= 3),则为了达到100%的条件覆盖率,至少需要设计(　　)个测试用例。

A. 1　　B. 2　　C. 3　　D. 4

3. 应当将程序中的循环结构作为测试和分析重点,可以对循环变量采用(　　)测试来验证其正确性。

A. 最大值　　B. 边界值　　C. 典型值　　D. 平均值

4. 条件覆盖要求(　　)。

A. 使每个判定中的每个条件的可能取值至少满足一次

B. 使程序中的每个判定至少都获得一次"真"值和"假"值

C. 使每个判定中的所有条件的所有可能取值组合至少出现一次

D. 使程序中的每个可执行语句至少执行一次

5. 一个程序中所含有的路径数与(　　)有着直接的关系。

A. 程序的复杂程度　　B. 程序语句行数

C. 程序模块数　　D. 程序指令执行时间

6. 有一组测试用例使得被测程序的每一个分支都至少被执行一次,它满足的覆盖标准是(　　)。

A. 语句覆盖　　B. 分支覆盖　　C. 条件覆盖　　D. 路径覆盖

7. 针对下面一个程序段:

```
if ((A>1) && (B == 0))
    S1;
If ((A == 2)|| (X > 1))
    S2;
```

其中,S1、S2均为语句块。现在选取测试用例:A = 2、B = 0、X = 3,则该测试用例满足了(　　)。

A. 路径覆盖　　B. 条件组合覆盖　　C. 分支覆盖　　D. 语句覆盖

二、分析设计题

1. 请为以下程序设计三组测试用例,要求分别满足语句覆盖、分支覆盖、条件覆盖。

```
int Compare_Pro (int A,int B){
    if((A>3) AND (B<9))
        X=A-B;
    if((A=5) OR (B>28))
        X=A+B;
    return x;
}
```

2. 请为以下程序段设计一组测试用例，要求满足条件组合覆盖。

```
void Procedure_A (int x,int y,int z){
    int k=0,j=0;
    if ( (x>6)&&(z<20) ){
        k=x*y-1;
        j=sqrt(k);
    }
    if ( (x==8)||(y>50) ){
        j=x*y+10;
    }
    j=j%3;
}
```

3. 请为程序模块 F1 进行基本路径覆盖测试设计，具体要求如下：

（1）画出程序控制流图；
（2）计算环复杂度；
（3）导出基本路径；
（4）设计基本路径覆盖测试用例。

程序模块 F1 代码如下：

```
public  int  F1(int num, int cycle, boolean flag) {
    int ret = 0;
    while( cycle > 0 ) {
        if( flag == true ) {
             ret = num - 10;
             break;
        } else {
            if( num%2 ==0 ) {
                ret = ret * 10;
            }else {
                ret = ret + 1;
            }
        }
        cycle--;
    }
    return ret;
}
```

第4章
Chapter 4

程序插桩与变异测试

为了提高软件测试的有效性，可以对源程序做一些小的修改，以更快、更有效地获取充分的测试信息。程序插桩和程序变异是两类主要的程序修改方法。其中，程序插桩是为了获得程序执行过程中的内部状态信息，并可以进行相关检查；程序变异可用于度量测试用例的缺陷检测能力，强制出现特定条件以便执行测试和程序调优等。

4.1 程序插桩

4.1.1 程序插桩概述

在动态测试时，通常需要记录语句覆盖结果、程序运行路径等信息，有时还需要统计每条语句的运行次数和变量的取值结果。程序本身是不会记录这些信息的，这就要求测试人员使用其他手段来获取这些信息。程序插桩是一种基本的软件分析手段，可以帮助研发人员有效获取程序的状态信息，在软件动态测试中具有广泛的应用。

在程序插桩时，会向源程序添加一些额外的语句来检测程序状态的变化情况，如语句运行、分支选择、变量取值等。此外，在测试过程中还可加入输出语句和断言语句，用来判断变量的取值或程序的状态是否符合预期。

理论上，程序中可插桩位置和可插桩语句的数量是不受限制的。然而，程序插桩是需要成本的，不合理的插桩结果会降低程序的运行效率，也增加了研发人员的负担，因此在程序插桩前需要合理选择程序插桩的位置和内容。一般来说，在程序插桩时应当考虑以下四个问题：

1）需要获取的信息是什么？

2）程序插桩的位置在哪里？

3）程序插桩的数目是多少？

4）插桩语句的类型是什么？

在解答完上述问题后即可开展程序插桩操作。在程序插桩时，应利用尽可能少的插桩点完成尽量多的信息收集工作。例如，若要获取程序的运行路径，则在程序中每个语句块的首条可运行语句前以及每条分支语句、调用语句、返回语句前后植入插桩语句即可，而不用在每一条语句前后进行插桩。

4.1.2　程序插桩示例

图 4-1 给出了一个求最大公约数的示例程序 P1。下面以 P1 为例，说明如何通过程序插桩判断测试结果是否满足语句覆盖、分支覆盖等逻辑覆盖需求。对 P1 进行测试时，可通过插桩记录每条语句或语句块的运行次数来分析语句和分支的覆盖情况。因此，可在每个语句块的首条可运行语句前和每条分支语句前后植入计数变量 c_i 和自增语句 c_i++。图 4-2 给出了针对 P1 的插桩结果。其中，根据插桩程序的输出结果可知每条语句的实际运行次数，进而可以判断测试结果是否满足语句覆盖、分支覆盖等逻辑覆盖需求。

s_0	`int gsd (int x, int y) {`
s_1	`    int q = x;`
s_2	`    int r = y;`
s_3	`    while (q != r) {`
s_4	`        if (q > r)`
s_5	`            q = q - r;`
s_6	`        else`
s_7	`            r = r - q;`
s_8	`    }`
s_9	`    return q;`
s_{10}	`}`

图 4-1　一个示例程序 P1

s_0	int gsd (int x, int y) {
s_1	int c_1, c_2, c_3, c_4, c_5, c_6;
s_2	c_1++;
s_3	int q = x;
s_4	int r = y;
s_5	c_2++;
s_6	while (q != r) {
s_7	c_3++;
s_8	if (q > r) {
s_9	c_4++;
s_{10}	q = q - r;
s_{11}	} else {
s_{12}	c_5++;
s_{13}	r = r - q;
s_{14}	} }
s_{15}	c_6++;
s_{16}	print(c_1, c_2, c_3, c_4, c_5, c_6);
s_{17}	return q;
s_{18}	}

图 4-2　示例程序 P1 的插桩程序

4.1.3　程序插桩工具 JaCoCo

JaCoCo 是由 EclEmma 团队开发的一款 Java 程序覆盖信息收集工具，该工具可以收集程序的指令、行、分支、方法、类的覆盖率，还可以计算每个方法的环复杂度。要获取程序的覆盖信息，JaCoCo 需要预先对程序进行插桩，由此获取程序的运行时信息，并将其记录到文件中。通过分析这些文件，JaCoCo 即可获得程序的覆盖信息。

JaCoCo 是在 Java 字节码上实施插桩操作的。Java 字节码保存在 class 文件中，是由源程序通过 javac 编译后获得的。Java 字节码在 Java 虚拟机中运行，由此使得 Java 软件可以跨平台运行。图 4-3 给出一个示例程序 P2，该程序的字节码和程序流图如图 4-4 和图 4-5 所示。其中，字节码 INVOKESTATIC 表示调用一个静态方法，IFEQ 表示分支指令，若 b() 返回 0 则运行语句 s_6，否则运行语句 s_4。完整的字节码文件还应当包含魔数（magic number）、版本号（version）等信息，更多信息可参考 Java 字节码说明文档。

s_0	public static void try(){
s_1	a();
s_2	if(b()) {
s_3	c();
s_4	} else {
s_5	d();
s_6	}
s_7	e();
s_8	}

图 4-3 一个示例程序 P2

s_0	public static try()V
s_1	INVOKESTATIC a()V
s_2	INVOKESTATIC b()Z
s_3	IFEQ L1
s_4	INVOKESTATIC c()V
s_5	GOTO L2
s_6	L1: INVOKESTATIC d()V
s_7	L2: INVOKESTATIC e()V
s_8	RETURN

图 4-4 示例程序 P2 的字节码

JaCoCo 应用 ASM 3.0 来实现具体的插桩操作。ASM 是一个对 Java 字节码进行操作的 API，可以对字节码进行增加、删除、修改等操作。通过 ASM 可在字节码中添加多段字节码语句，并用一个布尔数组记录每段字节码语句的覆盖结果。字节码段被覆盖，布尔数组对应的位置记为 True，否则记为 False。测试结束后，分析布尔数组即可获得程序的覆盖信息。

要实现程序覆盖信息的获取，最直接的方式就是在每个字节码前注入一个探针。然而，该方法是十分低效的。例如，对于一段顺序结构代码，只要一个字节码运行，则该段字节码都会运行。因此，需要设计更有效的字节码插桩规则。对于不同的字节码程序结构，JaCoCo 采用不同的插桩规则。一般来说，JaCoCo 插桩规则包括以下四种。

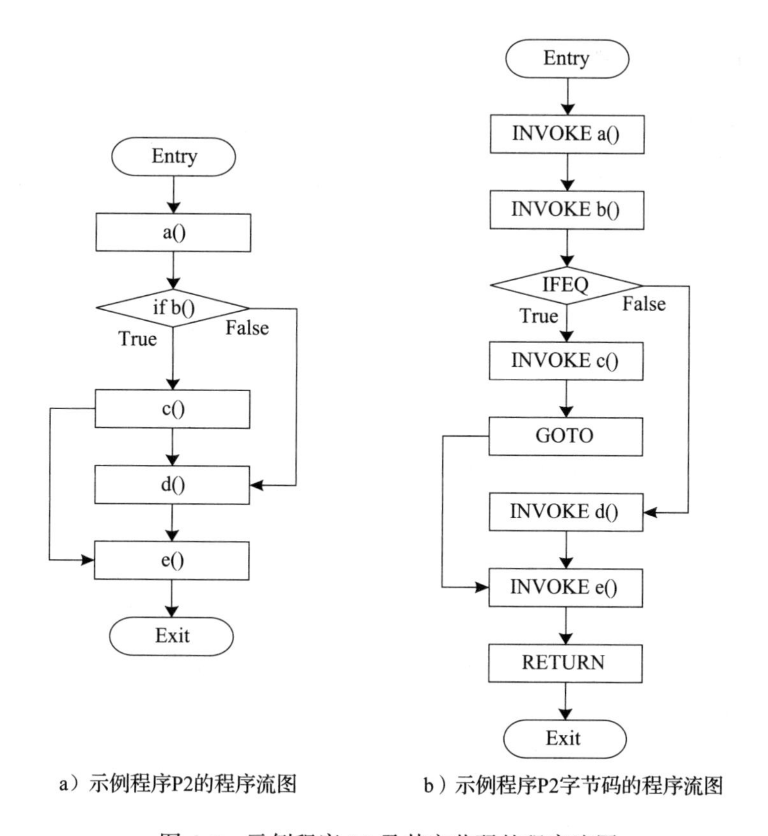

a）示例程序P2的程序流图　　b）示例程序P2字节码的程序流图

图 4-5　示例程序 P2 及其字节码的程序流图

（1）顺序插桩

对于顺序结构，在语句段内注入一个探针即可。如图 4-6 所示，顺序语句段包含 A 和 B 两条语句。此时，在两条语句间注入一个探针 P 即可。

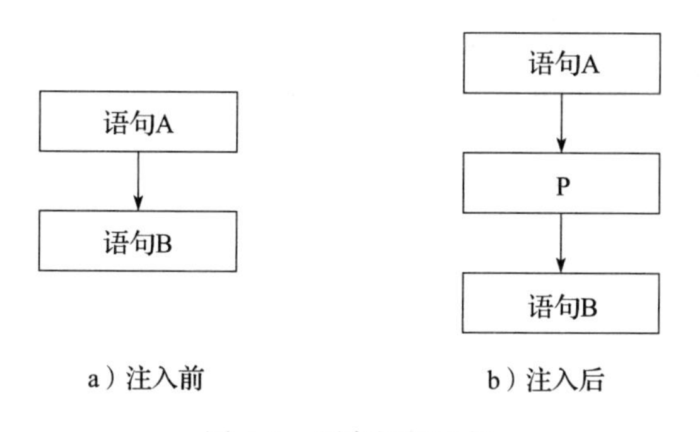

a）注入前　　b）注入后

图 4-6　顺序插桩示例

（2）无条件跳转插桩

对于无条件跳转结构，与顺序结构相同，其所包含的语句必定会运行，因此在语句段前注入一个探针即可。如图 4-7 所示，无条件跳转语句段包含 GOTO 和 A 两条语句。此时，在 GOTO 语句前注入一个探针 P 即可。

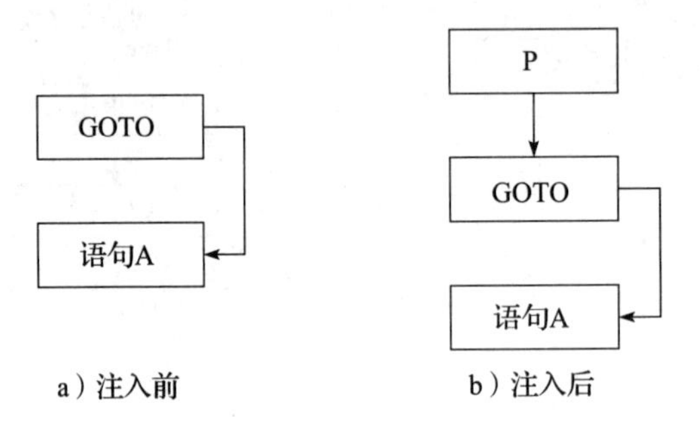

图 4-7　无条件跳转插桩示例

（3）有条件跳转插桩

对于有条件跳转结构，程序在运行时只会走某一侧，因此需要在两侧都注入探针。如图 4-8 所示，有条件跳转语句段包含 A、B、C 三条语句。此时，需要在 A、B 间以及 A、C 间各注入一个探针。

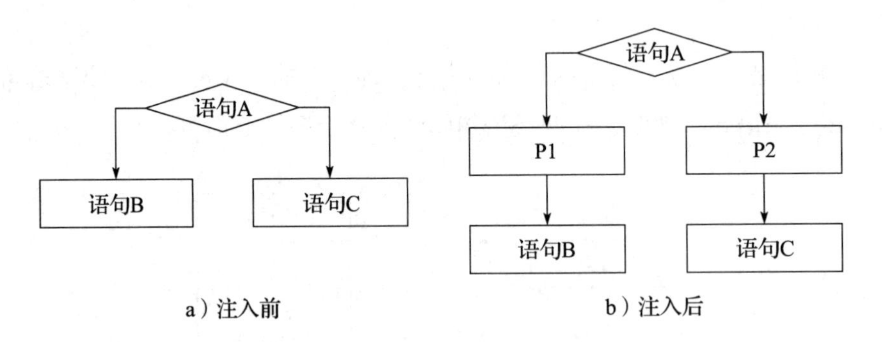

图 4-8　有条件跳转插桩示例

（4）返回插桩

对于返回结构，在返回语句前注入一个探针即可。如图 4-9 所示，返回语句段包含 RETURN 一条语句。此时，在 RETURN 前注入一个探针即可。

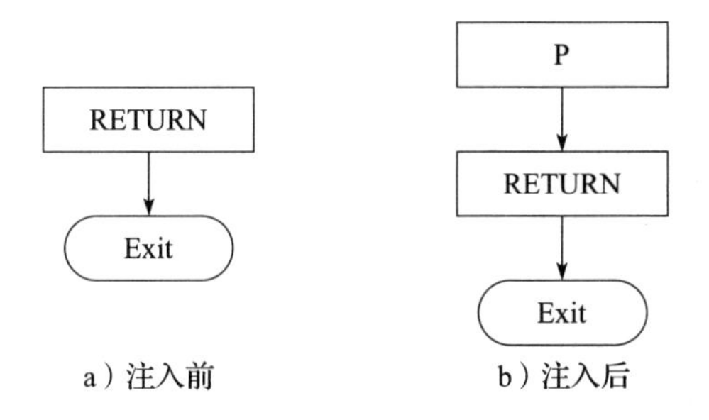

图 4-9　返回插桩示例

根据上述规则，可以获取程序中字节码的覆盖结果。图 4-10 给出了示例程序 P2 字节码插桩后的程序流图。可以看到，无须在每个字节码前植入探针，通过植入 P1、P2、P3 三条字节码语句，即可实现程序 P2 的插桩工作。JaCoCo 在程序运行结束后会扫描桩信息，并生成一个 .ec 文件。.ec 文件是一个二进制文件，经规范输出后可看到文件中的内容。

图 4-11 给出一个 .ec 文件示例。其中，version 作为文件开头，起到了标识作用；start 和 dump 分别记录了测试起始时间和 .ec 文件输出时间；第一个 id 是所有文件的标识名称，后续的 id 和 name 表示某个字节码文件的标识名称和类名，其中 id 通过对文件中的内容进行散列计算得到；probes 数组记录了每一个探针的覆盖结果。对于数组中的每一个元素，若其值为 true，表明该探针被运行过；若其值为 false，则表明该探针未被运行。通过分析 probes 结果，JaCoCo 即可得到并输出程序的覆盖结果。

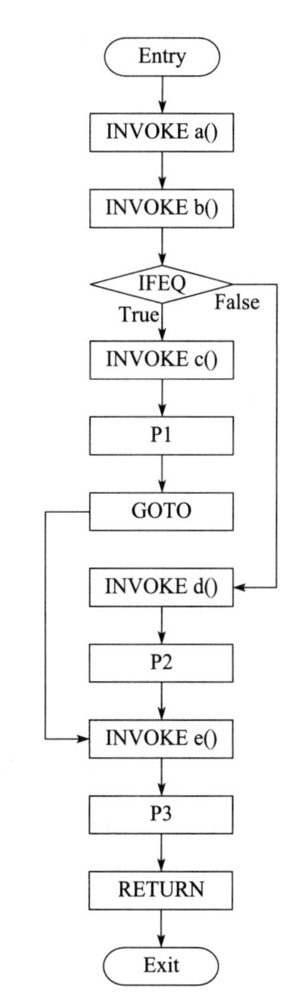

图 4-10　示例程序 P2 字节码插桩后的程序流图

```
1
2 version:e
3 id:unknownhost-a8bea922
4 start:1509248705289
5 dump:1509248705357
6 id:376501686664801923
7 name:com/white/bihudaily/module/splash/SplashActivity
8 probes[0]:true
9 probes[1]:false
10 probes[2]:false
11 probes[3]:false
12 probes[4]:false
13 probes[5]:false
14 probes[6]:false
15 probes[7]:false
16 probes[8]:false
17 probes[9]:false
18 probes[10]:false
19 probes[11]:false
20 probes[12]:false
21 probes[13]:false
22 probes[14]:false
23 probes[15]:false
24 probes[16]:false
25 probes[17]:false
26 probes[18]:false
27 probes[19]:false
28 probes[20]:false
29 probes[21]:false
30 probes[22]:false
31 probes[23]:false
32 probes[24]:false
33 probes[25]:false
34 probes[26]:false
```

图 4-11 一个 .ec 文件示例

4.2 变异测试

4.2.1 变异测试概述

在软件测试时，若当前测试用例未能检测到软件缺陷，则存在两种情形：1）软件已满足预设的需求，软件质量较高；2）当前测试用例设计不够充分，不能有效检测到软件中的缺陷。如果是情形 1，测试过程便可停止；若是情形 2，则应当编写新的测试用例，继续测试过程。因此，在未能检测到软件缺陷时判断当前测试是否充分十分重要。本书第 3 章介绍了逻辑覆盖测试和路径覆盖测试方法，分别从程序实体覆盖和路径覆盖的角度来评估软件测试的充分性。然而，这些方法并不能直观地反映测试用例的缺陷检测能力。对此，本节介绍可用于度量测试用例缺陷检测能力的变异测试方法。

变异测试也称为变异分析，是一种对测试数据集的有效性、充分性进行评估的技术，能为研发人员开展需求设计、单元测试、集成测试提供有效的帮助。在变异测试的指导下，测试人员可以评价测试用例集的错误检测能力，创建缺陷检测能力更强的测试数据集。

变异测试通过对比源程序与变异程序在运行同一测试用例集时的差异来评价测试用例集的缺陷检测能力。在变异测试过程中，一般利用与源程序差异极小的简单变异体来模拟程序中可能存在的各种缺陷。该方法的可行性主要基于两点假设：1）熟练程序员假设；2）变异耦合效应假设。其中，假设 1 关注熟练程序员的编程行为，假设 2 关注变异程序的缺陷类型。熟练程序员假设是指程序员由于开发经验丰富、编程水平较高，其编写的代码即使包含缺陷，也与正确代码十分接近。此时，针对缺陷代码仅须进行微小的修改即可使代码恢复正确。因此，基于该假设变异测试仅须进行小幅度的修改即可模拟熟练程序员实际的编程行为。变异耦合效应假设是指若测试用例能够“杀死”简单变异体，那么该测试用例也易于“杀死”复杂变异体。也就是说，若测试用例集能够“杀死”所有的简单变异体，则该测试用例集也可以“杀死”绝大部分的复杂变异体。该假设为在变异测试过程中仅考虑简单变异体提供了重要的理论依据。

变异测试是一种缺陷驱动的软件测试方法，可以帮助测试人员发现测试工作中的不足，改进和优化测试数据集，然而该方法的计算代价十分高昂。在变异测试时，测试人员会尽可能地模拟各种潜在的错误场景，因而会产生大量的变异程序。编译、运行、验证这些变异程序会消耗大量的计算资源，使其在软件版本迭代日益加速的当下难以应用。同时，变异测试要求测试人员编写或工具自动生成大量新的测试用例，以满足对变异体中缺陷的检测。验证程序的运行结果也是一个代价高昂并且需要人工参与的过程，由此也影响了变异测试在生产实践中的应用。此外，由于等价变异程序存在逻辑上的不可决定性，如何快速有效地检测、去除源程序的等价变异程序也是变异测试应用所面临的重要挑战。

4.2.2　变异测试方法

程序变异指基于预先定义的变异操作对程序进行修改，进而得到源程序变异程序（也称为变异体）的过程。变异操作应当模拟典型的软件缺陷，以度量测试用例对常见缺陷的检测能力；或是引入一些特殊值，以度量测试用例在特殊环境下的缺陷检测能力。当源程序与变异程序存在运行差异时，则认为该测试用例检测到变异程序中的缺陷，变异程序被“杀死”；反之，当两个程序不存在运行差异时，则认为该测试用例没有检测到变异程序中的缺陷，变异程序存活。

程序变异需要在变异算子的指导下完成。目前研究人员已提出多种变异算子，但由于不同程序所属类型、自身特征的不同，在程序变异时可用的变异算子也是不同的。例如，对于面向过程程序，可以通过各种运算符变异、数值变异、方法返回值变异等算子对程序进行变异。然而对于面向对象程序，在利用上述类型变异算子的同时，还需要针对继承、多态、重载等特性设计新的算子，以保证程序特征覆盖的完整性。针对面向过程程序和面向对象程序，表 4-1 和表 4-2 分别给出数种典型的变异算子。对于这些变异算子，PITest、MuJava 等工具提供了良好的实现和支持。

表 4-1 面向过程程序的变异算子

变异算子	描 述
运算符变异	对关系运算符 <、<=、>、>= 进行替换，如将 < 替换为 <=
	对自增运算符 ++ 或自减运算符 -- 进行替换，如将 ++ 替换为 --
	对与数值运算有关的二元算术运算符进行替换，如将 + 替换为 -
	将程序中的条件运算符替换为相反运算符，如将 == 替换为 !=
数值变异	对程序中整数类型、浮点数类型的变量取相反数，如将 i 替换为 -i
方法返回值变异	删除程序中返回值类型为 void 的方法
	对程序中方法的返回值进行修改，如将 true 修改为 false

表 4-2 面向对象程序的变异算子

变异算子	描 述
继承变异	增加或删除子类中的重写变量
	增加、修改或重命名子类中的重写方法
	删除子类中的关键字 super，如将 return a*super.b 修改为 return a*b
多态变异	将变量实例化为子类型
	将变量声明、形参类型改为父类型，如将 Integer i 修改为 Object i
	赋值时将使用的变量替换为其他可用类型
重载变异	修改重载方法的内容，或删除重载方法
	修改方法参数的顺序或数量

根据变异后程序所包含缺陷的复杂程度，可将变异体分为简单变异体和复杂变异体。其中，简单缺陷是指在原有程序上进行单一语法修改形成的缺陷，复杂缺陷则是指在原有程序上进行多次单一语法修改形成的缺陷。

在变异测试过程中，源程序与变异程序的运行差异主要表现为以下两种情形：1）运行同一测试用例时，源程序和变异程序产生了不同的运行时状态；2）运行同一测试用例时，源程序和变异程序产生了不同的运行结果。根据满足运行差异要求的不同，可将变异测试分为弱变异测试（Weak Mutation Testing）和强变异测试（Strong Mutation Testing）。在弱变异测试过程中，当情形 1 出现时就可认为变异程序被“杀死”；而在强变异测试过程中，只有情形 1 和 2 同时满足时才可认为变异程序被“杀死”。容易发现，弱变异测试近似于代码覆盖测试，在实践中对计算能力的要求较低。而强变异测试更加严格，可以更好地模拟真实缺陷的检测场景。在变异测试前，应当明确给出变异测试的类型，确定变异“杀死”的满足条件。本书余下部分若非特别指明，变异测试即指强变异测试。

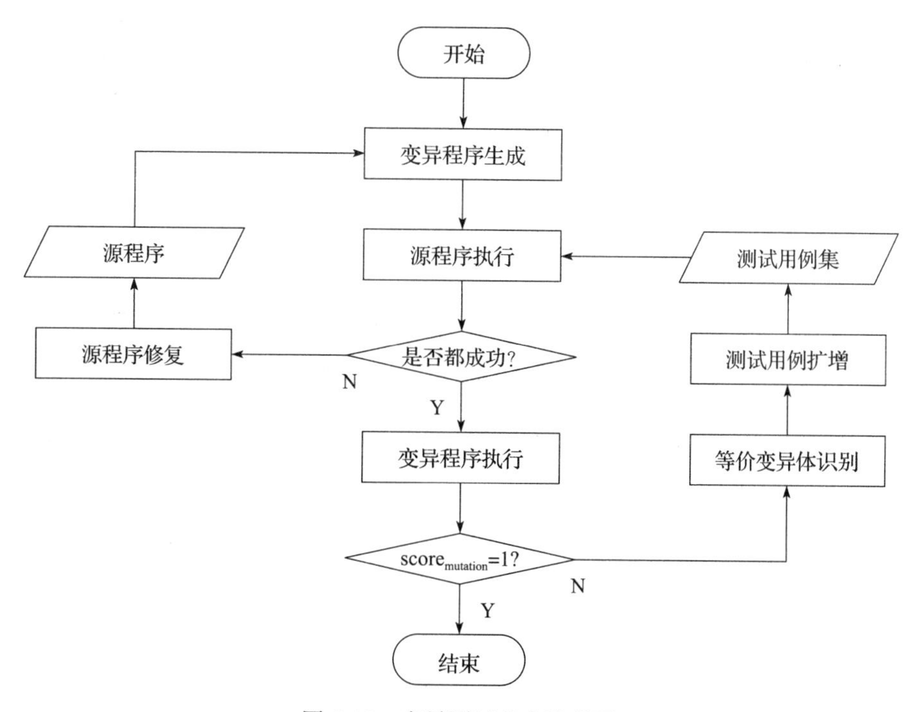

图 4-12 变异测试基本流程图

图 4-12 给出了变异分析的基本流程图。给定源程序 P 和测试用例集 T，通过变异算子生成一组变异程序 M。首先基于 T 运行 P，若存在测试用例使得 P 运行失败，则表明 P 存在缺陷，需要修复 P 并重复上述过程。若 P 均运行成功，则运行每一个变异程序。所有的变异程序运行结束后，若有变异程序存活，则表明：1）存在等价变异程序；2）当前测试用例设计不充分。此时，应当识别并去除当前的等价变异体，并扩增测试用例集，从而提高测试用例集的错误检测能力。不断重复上述过程，直至测试用例集变异得分为 1。

$$score_{mutation} = \frac{num_{killed}}{mum_{total} - num_{equivalent}} \tag{4-1}$$

变异得分（Mutation Score）是一种评价测试用例集错误检测有效性的度量指标。式（4-1）给出了变异得分的计算方法，其中 num_{killed} 表示被“杀死”的变异程序的数目，num_{total} 表示所有变异程序的数目，$num_{equivalent}$ 表示等价变异程序的数目。变异得分 $score_{mutation}$ 的值介于 0 与 1 之间，数值越高，表明被“杀死”的变异程序越多，测试用例集的错误检测能力越强，反之则越低。当 $score_{mutation}$ 的值为 0 时，表明测试用例集没有“杀死”任何一个变异程序；当 $score_{mutation}$ 的值为 1 时，表明测试用例集“杀死”了所有非等价的变异程序。

s_0	`int fun(int x) {`
s_1	`    if (x >= 60)`
s_2	`        return true;`
s_3	`    else`
s_4	`        return flase;`
s_5	`}`

图 4-13　一个示例程序 P3

下面以图 4-13 中示例程序 P3 为例说明变异测试过程。存在测试用例 $t_1 = (80)$ 和 $t_2 = (40)$，满足程序 P3 的语句覆盖和分支覆盖需求。针对程序 P3，应用运算符变异、数值变异、方法返回值变异等生成 M1 ～ M4 等 4 个变异程序，变异结果如图 4-14 所示。运行并比较 t_1、t_2 在 P3 和 M1 ～ M4 上的运行结果可知，t_1 和 t_2 分别“杀死”了变异程序 M1、M3 和 M1、M4，但并不能“杀死”变异程序 M2。此时，初始测试用例的变异“杀死”率为 0.75。因此，需要添加新的测试用例来提高整个测试用例集的缺陷检测能力（见表 4-3）。例如，增加可以“杀死”M2 的测试用例 t_3 = (60)。此时，整个测试用例的变异“杀死”率提高至 1.00，变异测试结束。

s_0	int fun(int x) {
s_1	if (x < 60)
s_2	return true;
s_3	else
s_4	return false;
s_5	}

a）变异程序 M1

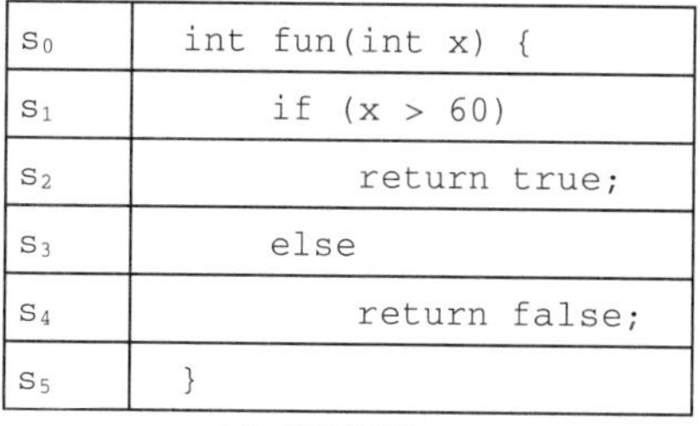

s_0	int fun(int x) {
s_1	if (x > 60)
s_2	return true;
s_3	else
s_4	return false;
s_5	}

b）变异程序 M2

s_0	int fun(int x) {
s_1	if (x >= 60)
s_2	return false;
s_3	else
s_4	return false;
s_5	}

c）变异程序 M3

s_0	int fun(int x) {
s_1	if (x >= 60)
s_2	return true;
s_3	else
s_4	return true;
s_5	}

d）变异程序 M4

图 4-14　示例程序 P3 的变异程序 M1 ～ M4

表 4-3　示例程序 P3 的初始测试用例和新增测试用例

测试用例		x	变异杀死结果			
			M1	M2	M3	M4
初始测试用例	t_1	80	√		√	
	t_2	40	√			√
新增测试用例	t_3	60	√	√	√	

4.2.3　变异测试工具 PITest

PITest[㊀]是一款面向 Java 语言的变异测试工具，由 Henry Coles 等人负责开发和维护。与其他变异测试工具相比，PITest 不仅配置方便、易于使用，而且与多种

㊀ http://pitest.org/。

Java 开发工具（如 Ant）、框架（如 Maven、Gradle）及平台（如 Eclipse、IntelliJ IDEA）均有较好的集成。应用 PITest 可快速搭建变异测试环境。

除配置方便外，快速高效也是 PITest 的一个主要优势。PITest 直接在字节码而不是 Java 源码上开展变异操作，且变异程序始终保持在内存中，并不会写入硬盘。因此，PITest 具有较高的测试效率。同时，PITest 不会生成完整的变异程序，而是精确记录每个变异位置。只有在真正进行测试时，才会组合生成完整变异程序。测试结束后，变异程序立刻被抛弃。由此，PITest 可以一次性生成并完成数十万变异程序的测试工作。此外，PITest 还分析了不同测试用例在同一变异程序上的运行状态差异，以尽量减少测试运行次数。通过上述策略，PITest 可以更快、更高效地完成变异测试工作。

变异测试结束后，PITest 会生成一个 HTML 报告，用以说明程序的变异测试情况。图 4-15 给出一个 PITest 变异测试报告，该报告通过染色方式说明了程序语句覆盖和变异测试结果：浅绿色表示语句被覆盖但没有变异体生成；深绿色表示语句被覆盖且“杀死”该语句的变异体（如语句 9）；浅粉色表示语句未被覆盖（如语句 4）；深粉色表示语句存在变异体但该变异体未被“杀死”（如语句 8）。

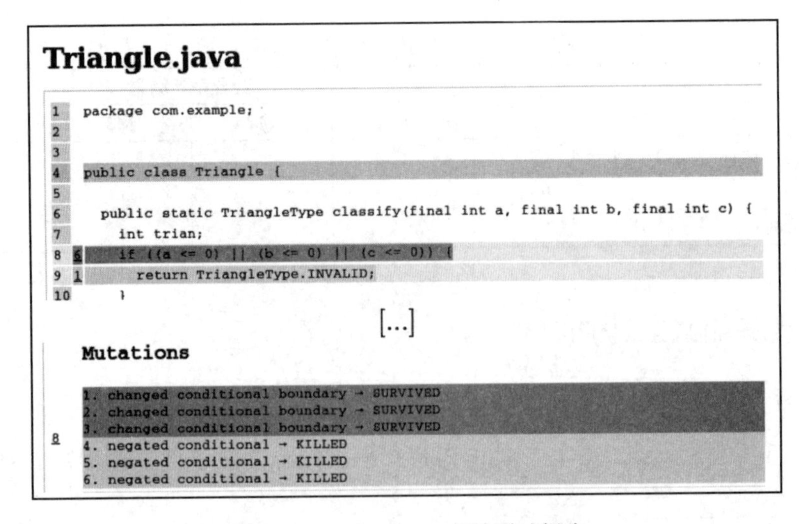

图 4-15　一个 PITest 变异测试报告

4.3　小结

本章介绍了用于获取测试信息的程序插桩方法和用于评价测试用例缺陷检测能力的变异测试方法。为了更充分地获取测试信息以及更有效地评价测试用例集的缺陷检测能力，在程序插桩时测试人员需要考虑测试信息的类型以及插桩的位置、数量和类型，在变异测试时测试人员需要考虑变异算子的位置、数量和类型。此外，本章还介绍了用于 Java 覆盖信息收集的 JaCoCo 工具和用于 Java 变异测试的 PITest 工具，方便读者进行实践和使用。

习题 4

一、单项选择题

1. 采用程序插桩一般是为了获取程序执行的（　　）信息。

   A. 输入数据　　B. 账号密码　　C. 过程状态　　D. 输出结果

2. 在软件测试时，可以在程序中加入（　　）语句来判断变量的取值或程序的状态是否符合预期。

   A. 输入　　B. 显示　　C. 输出　　D. 断言

3. 程序变异的用途不包括（　　）。

   A. 度量测试用例的缺陷检测能力　　B. 强制出现特定条件以便执行测试

   C. 减少测试的工作量　　D. 程序调优等

4. JaCoCo 是由 EclEmma 团队开发的一款 Java 程序（　　）信息收集工具。

   A. 覆盖　　B. 逻辑　　C. 输入　　D. 输出

5. JaCoCo 是在（　　）上实施插桩操作的。

   A. Java 源代码　　B. Java 字节码　　C. 二进制代码　　D. 输出文件

6. 变异测试也称为变异分析，是一种对测试数据集的（　　）进行评估的技术。

   A. 有效性、冗余性　　B. 冗余性、充分性

   C. 有效性、充分性　　D. 有效性、充分性、冗余性

7. 在（　　）的指导下，测试人员可以评价测试用例集的缺陷检测能力，并创建缺陷检测能力更强的测试数据集。

   A. 变异测试　　B. 逻辑覆盖测试　　C. 程序插桩　　D. 路径测试

8. 变异测试是一种（　　）驱动的软件测试方法，可以帮助测试人员发现测试工作中的不足，改进和优化测试数据集。

A. 功能　　B. 逻辑　　C. 事件　　D. 错误

二、分析设计题

1. 请对以下程序进行插桩，显示循环执行的次数。

```
public class GCD {
    public int getGCD(int x,int y){
        if(x<1||x>100){
            System.out.println("参数不正确!");
            return -1;
        }
        if(y<1||y>100){
            System.out.println("参数不正确!");
            return -1;
        }
        int max,min,result = 1;
        if(x>=y){
            max = x;
            min = y;
        }else{
            max = y;
            min = x;
        }
        for(int n=1;n<=min;n++){
            if(min%n==0&&max%n==0)
                if(n>result)
                    result = n;
            }
        }
        System.out.println("最大公约数为:"+result);
        return result;
    }
}
```

2. 请对以下代码段进行变异，变异规则为将“++”替换为“--”，然后设计能够测试发现所有的变异点的测试数据。

```
public class zhengchu {
    public String iszhengchu(int n) {
        if(n<0||n>500) {
            return "error";
        }
        int flag=0;
        String note="";
        if(n%3==0) {
            flag++;
            note=note+" 3";
        }
```

```
        if(n%5==0) {
            flag++;
            note+=" 5";
        }
        if(n%7==0) {
            flag++;
            note+=" 7";
        }
        return "能被"+flag+"个数整除,"+note;
    }
}
```

第 5 章
Chapter 5

单元测试

5.1 单元测试概述

单元测试是软件测试的基础，是对软件基本组成单元的测试，其目的是检测和判断每个程序模块的行为是否与期望一致。通过单元测试，应分别完成对每个单元的测试任务，确保每个模块能正常工作，程序代码符合各种要求和规范。合格的代码应具备正确性、清晰性、规范性、高效性等性质。其中，正确性是指代码逻辑必须正确，能够实现预期的功能；清晰性是指代码必须简明、易懂，注释准确、没有歧义；规范性是指代码必须符合企业或部门所定义的共同规范，如命名规则、代码风格等；高效性是指尽可能降低代码的运行时间。在上述性质中，优先级最高的是正确性，只有先满足正确性，其他特性才具有实际意义。其次是清晰性和规范性，而需要反复运行的代码还需要具有高效性，以免影响整个系统的效率和性能。

单元的概念在不同编程环境下各有不同。在传统的结构化编程语言（如 C 语言）中，单元一般指函数或子过程；而在 C++ 或 Java 中，单元指类或类所包含的方法；在 Ada 语言中，单元可为独立的过程、函数或 Ada 包。此外，单元还可指一个菜单或显示界面。

单元测试通常由开发人员来完成，有时测试人员也须加入进来，但开发人员仍会起到主要作用。这是因为开发人员对设计和代码都很熟悉，不需要额外花时间去阅读、理解、分析程序的设计书和源代码，所以测试成本是最小的，测试效率也最高。因此，单元测试不仅是开发人员的一项基本职责，也是开发人员必须具备的一项基本能力，该能力的高低将直接影响单元测试的工作效率与软件质量。单元测试应当与软件开发协同开展，而不是在软件开发结束后再进行。因为在软件开发时，开发人员对所负责程序模块的结构和功能最清楚。而当软件开发结束后，开发人员很可能已忘记先前编写代码的工作模式，须耗费时间来阅读、理解和分析源程序，由此降低了单元测试效率。因此，开发人员应当养成良好的单元测试习惯，尽可能地在编程时发现问题、解决问题。

5.2 单元测试框架

单元测试是对软件中的基本单元进行的测试。例如对 Java 程序进行测试时，通常会将类中的一个方法作为一个单元进行测试。然而，被测单元通常不是完整程序，无法独立运行。因此，在测试单元时要考虑它与其他单元的联系，需要一些辅助模块来驱动被测单元运行，以及模拟与被测模块具有关联的模块。一般的，辅助模块可分为驱动模块和测试桩模块两种。

驱动模块可理解为被测单元的主程序，用于模拟被测单元的上层模块。驱动模块能够接收或者设置测试数据、参数、环境变量等，调用被测单元，并将数据传递给被测单元，检测被测单元输出结果。如果需要的话，还可以显示或者打印测试的运行结果。在编写驱动模块时，应尽量保证每个测试用例只对应一个被测单元，而不要将多个被测单元用一个测试用例进行测试。例如对 Java 程序进行测试时，应对待测类中的每一个方法单独进行测试，而不要用一个测试用例测试类中所有的方法，以便测试人员指定被测的单元，以及开发人员发现缺陷的位置。在回归测试中，将每个被测单元的测试用例分开还便于分析代码修改对不同模块所造成的影响，更容易检测到演化缺陷，同时还可提高测试代码的复用性和单元测试效率。

测试桩模块又称为存根模块，用于模拟被测单元的子模块。设计测试桩模块的目的是模拟被测单元所调用的子模块，接受被测单元的调用，并返回调用结果给被测单元。测试桩模块并不需要模拟子模块的全部功能，能模拟被测单元的调用需求并使在被测单元在被调用时不出现错误即可。尽管如此，编写测试桩模块模拟实现子模块的真实功能依然是一项具有挑战性的工作。对此，应在项目进度管理时尽量安排被测模块在其调用子模块的后面编写，以减少测试桩模块的开发。这样不仅可以减少单元测试工作量，提高测试效率，还可以提高测试质量。

综上所述，单元测试的基本框架如图 5-1 所示。根据被测单元的调用接口以及当前测试需求构建测试桩模块、生成测试数据，在此基础上，通过驱动模块调用被测单元运行，并在运行时判断被测单元的运行状态和输出结果是否符合运行结果，进而输出测试结果。

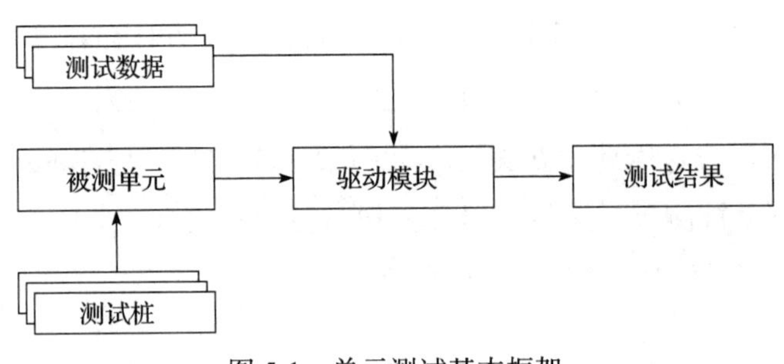

图 5-1 单元测试基本框架

5.3 单元测试内容

单元测试的主要任务是验证程序单元实现是否已达到详细设计的预期要求。由于单元测试粒度较小，一般要求对每个单元进行较为详尽的测试。具体而言，单元测试所包含的内容如下。

5.3.1 算法逻辑

检查算法及其内部各处理逻辑的正确性。

图 5-2 给出了一个示例程序 P1，该程序实现了计算三角形的两边之差。单元测试时应当对算法及其内部的各个处理逻辑进行测试，保证输出结果的正确性。在单元测试时，应当发现“a < b”时逻辑处理并未正确实现。

s0	public long diffOfBorders(long a, long b) {
s1	if(a>b) {
s2	return a-b;
s3	} else {
s4	return a-b; //逻辑错误
s5	}
s6	}

图 5-2 一个示例程序 P1

5.3.2 模块接口

检查模块接口的正确性包括形式参数个数、类型、次序和返回值类型的正确性。同时，检查模块调用其他模块代码的正确性，包括实际参数个数、类型、次序和返回值的正确性。对于具有多态的方法，应着重检查。对于被调用方法的返回值，必要时可通过打印或程序插桩等方式进行插桩和检查。当被调用方法出错或存在异常时，应给出反馈并添加适当的处理代码。

图 5-3 给出了一个示例程序 P2，该程序输出了一组数字的平均值。单元测试应对参数的类型和内部实现进行检查，保证处理结果的正确性。在单元测试时，应当发现参数 data 中元素类型为 String 型，应转换为数值型计算，不应当直接累加计算。

s0	double getMean(String[] data) {
s1	double sum = 0.0;
s2	for (double a : data)
s3	sum += a;
s4	return sum / size;
s5	}

图 5-3 一个示例程序 P2

5.3.3 数据结构

检查全局和局部数据结构的定义是否正确实现和使用。

示例：先来先服务的调度任务应当采用队列数据结构。在单元测试时应检查队列是否正确实现，或是否误用栈等其他数据结构。

5.3.4 边界条件

检查程序中各个边界条件是否实现正确。在检查边界时，除考虑需求本身的边界范围外，还应当考虑变量类型本身的边界。

图 5-4 给出了一个示例程序 P3，该程序用于判断是否能够正常构成三角形。单元测试应当对每一级划分的边界进行测试。在单元测试时，应当发现 P3 有两个判断准则，首先是依次判断构造三角形的每条边的取值是否在正常范围内，之后使用 diffOfBorders 方法测试是否所有两边之差都小于第三条边。

s0	`public boolean isTriangle(Triangle triangle) {`
s1	`    boolean isTriangle = false;`
s2	`    if ((triangle.lborderA > 0 && triangle.lborderA <= Long.MAX_VALUE)`
s3	`    && (triangle.lborderB > 0 && triangle.lborderB <= Long.MAX_VALUE)`
s4	`    && (triangle.lborderC > 0 && triangle.lborderC <= Long.MAX_VALUE)) {`
s5	`        if (diffOfBorders(triangle.lborderA, triangle.lborderB) < triangle.lborderC`
s6	`        && diffOfBorders(triangle.lborderB, triangle.lborderC) < triangle.lborderA`
s7	`        && diffOfBorders(triangle.lborderC, triangle.lborderA) < triangle.lborderB) {`
s8	`            isTriangle = true;`
s9	`        }`
s10	`    }`
s11	`    return isTriangle;`
s12	`}`

图 5-4 一个示例程序 P3

5.3.5 独立路径

检查是否存在遗漏或未正确实现的处理逻辑，处理逻辑遗漏通常会造成部分独立路径缺失。

图 5-5 给出了一个示例程序 P4，该程序也用于判断是否能够正常构成三角形。单元测试应对每个条件是否正确实现进行验证。在单元测试时，应当发现 P4 未对

三角形的边C进行数值验证，同时未将A和C两边之差与边B的数值进行对比。

s0	public boolean isTriangle(Triangle triangle) {
s1	boolean isTriangle = false;
s2	if ((triangle.lborderA > 0 && triangle.lborderA <= Long.MAX_VALUE)
s3	&& (triangle.lborderB > 0 && triangle.lborderB <= Long.MAX_VALUE)) {
s4	if (diffOfBorders(triangle.lborderA, triangle.lborderB) < triangle.lborderC
s5	&& diffOfBorders(triangle.lborderB, triangle.lborderC) < triangle.lborderA) {
s6	isTriangle = true;
s7	}
s8	}
s9	return isTriangle;
s10	}

图5-5 一个示例程序P4

5.3.6 错误处理

检查单元模块是否包含了正确的错误处理代码，避免程序出现错误或异常时直接崩溃。对单元模块的错误处理进行测试时，若存在以下情况，可认为模块未提供有效的错误处理功能：1）错误描述难以理解，不能对错误定位提供有效帮助；2）错误描述与实际情况不符；3）错误处理不正确，或错误处理滞后。

图5-3给出的示例程序P2用于计算一组数字的平均值。单元测试应对平均值计算过程中可能出错的部分进行预处理，防止出现异常崩溃。在单元测试时，应当发现P2在计算平均值之前，未对double数组进行校验，没有对潜在的除零错误进行处理。

5.3.7 输入数据

检查输入数据的正确性、规范性和合理性。实践开发经验表明未对输入数据进行有效的检查是造成软件系统不正确的重要原因之一。

图5-4给出了一个示例程序P3，该程序用于判断是否能够正常构成三角形。单元测试应对构建的三角形是否做过合理检查进行验证。在单元测试时，应录入

一些不合理边（如 0、–10）进行测试，P3 对异常值进行了处理，结果应当与预期一致。

5.3.8 表达式与 SQL 语句

检查单元模块所包含表达式及 SQL 语句语法和逻辑的正确性。表达式应该保证不含二义性。对于容易产生歧义的表达式或运算符（如 &&、||、++、-- 等），可使用括号“()”以避免二义性。

示例： 筛选专业为“计算机应用技术”或“软件工程”，且年龄大于 20 岁的学生时，应使用表达式“(mayor = computer applied technology || mayor = software engineering) && (age > 20)”。由于“&&”的优先级高于“||”，若将表达式中的括号去除，表达式的含义不再满足要求。在单元测试时，应根据表达式在有无括号时的情况设计测试用例。

5.4 慕测单元测试实例

慕测平台提供了三角形代码 Triangle 测试的练习题给大家自行练习，具体代码及测试代码如图 5-6、图 5-7 所示。

s0	`package net.mooctest;`
s1	`public class Triangle {`
s2	`    protected long lborderA = 0;`
s3	`    protected long lborderB = 0;`
s4	`    protected long lborderC = 0;`
s5	`    public Triangle(long lborderA, long lborderB, long lborderC) {`
s6	`        this.lborderA = lborderA;`
s7	`        this.lborderB = lborderB;`
s8	`        this.lborderC = lborderC;`
s9	`    }`
s10	`    public boolean isTriangle(Triangle triangle) {`
s11	`        boolean isTriangle = false;`
s12	`        if ((triangle.lborderA > 0 && triangle.lborderA <= Long.MAX_VALUE)`

图 5-6 三角形代码示例（一）

s13	&& (triangle.lborderB > 0 && triangle.lborderB <= Long.MAX_VALUE)
s14	&& (triangle.lborderC > 0 && triangle.lborderC <= Long.MAX_VALUE)) {
s15	if (diffOfBorders(triangle.lborderA, triangle.lborderB) < triangle.lborderC
s16	&& diffOfBorders(triangle.lborderB, triangle.lborderC) < triangle.lborderA
s17	&& diffOfBorders(triangle.lborderC, triangle.lborderA) < triangle.lborderB) {
s18	isTriangle = true;
s19	}
s20	}
s21	return isTriangle;
s22	}
s23	public String getType(Triangle triangle) {
s24	String strType = "Illegal";
s25	if (isTriangle(triangle)) {
s26	if (triangle.lborderA == triangle.lborderB
s27	&& triangle.lborderB == triangle.lborderC) {
s28	strType = "Regular";
s29	} else if ((triangle.lborderA != triangle.lborderB)
s30	&& (triangle.lborderB != triangle.lborderC)
s31	&& (triangle.lborderA != triangle.lborderC)) {
s32	strType = "Scalene";
s33	} else {
s34	strType = "Isosceles";
s35	}
s36	}
s37	return strType;
s38	}
s39	public long diffOfBorders(long a, long b) {
s40	if(a>b) {
s41	return a-b;
s42	} else {
s43	return b-a;
s44	}
s45	}
s46	public long[] getBorders() {
s47	long[] borders = new long[3];

图 5-6 （续）

s48	`        borders[0] = this.lborderA;`
s49	`        borders[1] = this.lborderB;`
s50	`        borders[2] = this.lborderC;`
s51	`        return borders;`
s52	`    }`
s53	`}`

图 5-6 （续）

s0	`package net.mooctest;`
s1	`import static org.junit.Assert.*;`
s2	`import org.junit.Test;`
s3	`public class TriangleTest {`
s4	`Triangle T1 = new Triangle(5, 7, 8);`
s5	`    Triangle T2 = new Triangle(5, 6, 5);`
s6	`    Triangle T3 = new Triangle(2, 2, 2);`
s7	`    @Test`
s8	`    public void testIsTriangle() {`
s9	`        assertEquals(true, T1.isTriangle(T1));`
s10	`    }`
s11	`    @Test`
s12	`    public void testGetType(){`
s13	`        assertEquals("Scalene", T1.getType(T1));`
s14	`    }`
s15	`    @Test`
s16	`    public void testGetType2(){`
s17	`        assertEquals("Isosceles", T2.getType(T2));`
s18	`    }`
s19	`    @Test`
s20	`    public void testGetType3(){`
s21	`        assertEquals("Regular", T3.getType(T3));`
s22	`    }`
s23	`}`

图 5-7　三角形代码示例（二）

5.5　小结

本章介绍了单元测试，主要包括单元测试框架和单元测试内容等两个部分，同时还给出一个慕测单元测试实例。单元测试是软件测试的基础，也是开发者测试的重要组成部分。针对一个待测单元（如方法、函数、过程），需要测试人员以代码的形式完成状态初始化、测试结果判断、资源释放等工作，因而单元测试需要开发者的深度参与和支持。

习题 5

一、单项选择题

1. 单元测试的测试用例主要根据（　　）的结果来设计。
   A. 需求分析　B. 源程序　C. 概要设计　D. 详细设计
2. 单元测试一般以（　　）为主。
   A. 白盒测试　B. 黑盒测试　C. 系统测试　D. 静态分析
3. 单元测试中用来模拟被测模块调用者的模块是（　　）。
   A. 父模块　B. 子模块　C. 驱动模块　D. 桩模块
4. 某次单元测试没有出现预期的结果，下列（　　）不可能是导致出错的原因。
   A. 变量没有初始化　B. 编写的语句书写格式不规范
   C. 循环控制出错　D. 代码输入有误
5. 通常，（　　）是在编码阶段进行的测试，它是整个测试工作的基础。
   A. 系统测试　B. 确认测试　C. 集成测试　D. 单元测试
6. 以下（　　）不是合格代码应当具备的属性。
   A. 新颖性　B. 清晰性　C. 规范性　D. 正确性

二、分析设计题

1. 试分析以下代码单元存在的主要问题。

```
public class MultiplicationTable {
     /**
      * 打印九九乘法表
      */
     public static void printTable( ) {
         for (int i = 1; i <= 9; i++) {
             for (int j = 1; j<= 9; j++) {
                 System.out.print(String.format("%d * %d = %-2d ", i, j, i*j));
             }
             System.out.println();
         }
     }
}
```

2. 设 bj_js 为数据库表名，BH、IDN 为字段名，Me.TextBox1.Text、Me.Textbox2.Text 已有输入值，请分析以下代码中存在的问题。

```
SqlCommand1.CommandText = "DELETE  FROM bj_js WHERE BH='" & Trim(Me.
TextBox1.Text) & " ' AND IDN= " & Trim(Me.Textbox2.Text) & "'"
```

3. 设有如下伪代码段，请分析并指出它存在的问题。

```
Weight_average ( char Weight )
    read a[i]
    S = 0
    Weight = 0
    for i = 1 to a.lenth-1
        S = S + a[i]
    endfor
    Weight = S / a.lenth
```

4. 试分析以下代码单元存在的主要问题，并设计能发现这些问题的测试数据。

```
public class ScoreToGradeUtil {
    public enum GradeEnum {
        EXCELLENT,  // 优秀
        GOOD,       // 良好
        FAIR,       // 中等
        PASS,       // 及格
        FAIL        // 不及格
    }
    /**
     * 成绩转换
     * @param score 分数
     * @return 等级（五等：优秀、良好、中等、及格、不及格）
     */
    public static GradeEnum convert(Double score) throws ScoreException{
        if (score > 100 || score < 0) {
            throw new ScoreException(" 分数输入错误 ");
        }
        if (score > 90) {
            return GradeEnum.EXCELLENT;
        }else if (score < 90 && score > 80) {
            return GradeEnum.GOOD;
        }else if (score < 80 && score > 70) {
            return GradeEnum.FAIR;
        }else if (score < 70 && score > 60) {
            return GradeEnum.PASS;
        }else
            return GradeEnum.FAIL;
    }
}
```

第6章
Chapter 6

集成测试

6.1 集成测试概述

集成测试也称为组装测试和联合测试，是单元测试的逻辑扩展。它是在单元测试的基础上，依据软件概要设计书，将多个经单元测试验证的模块组装后再进行测试的过程，一般可定义为：根据实际情况将程序模块采用适当的集成测试策略组装起来，对模块之间的接口以及集成后的功能等进行正确性检验的测试工作。集成测试用于检测程序在单元测试时难以发现的问题，确保各单元组合在一起后能够按既定要求协作运行。

在进行集成测试时，需要检查模块组装后其功能和业务流程是否符合预定要求。如图 6-1 所示，在集成测试开始之前应确保测试对象所包含的程序模块全部通过单元测试。否则，对于集成测试结果，测试者仍需耗费精力来判断错误引发于模块内部还是模块间交互，这将影响集成测试的效果，同时大幅增加程序模块缺陷修复的代价。

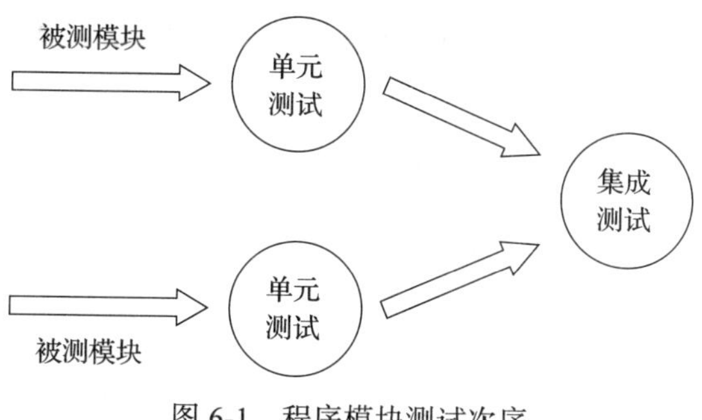

图 6-1　程序模块测试次序

由于集成测试对象所包含的程序模块必须经过单元测试，集成测试开始时间应在单元测试之后。然而在实际中，软件可能包含数量众多的程序模块，完成所有程序模块的单元测试工作耗时很长。因此，可先针对已完成单元测试的程序模块开展集成测试工作，再针对后续完成单元测试的程序模块进行集成测试。因此如图 6-2 所示，集成测试与单元测试可并行工作。

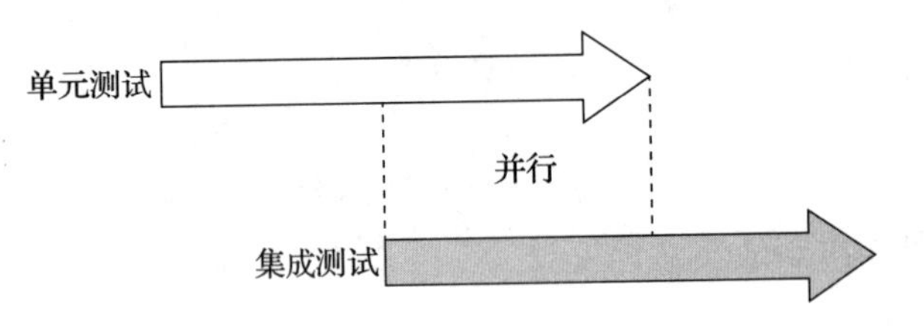

图 6-2　单元测试和集成测试的工作时间

6.1.1　集成测试过程

如图 6-3 所示，完整的集成测试过程一般包括计划、设计、开发、运行、分析和评估等数个阶段。

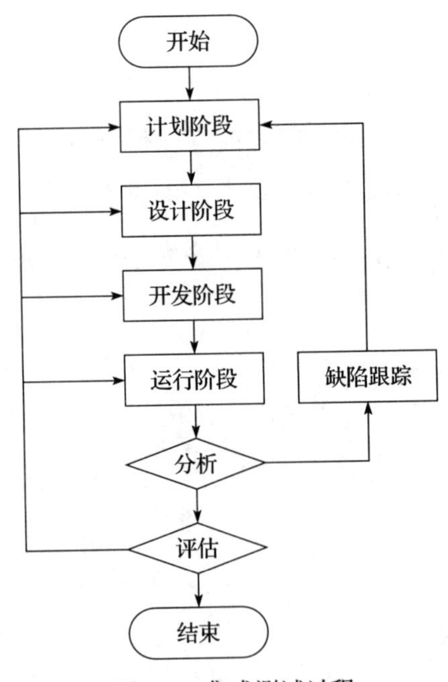

图 6-3　集成测试过程

（1）计划阶段

本项目概要设计评审通过后，就要根据概要设计文档、软件项目计划时间表、需求规格说明书等制定适合本项目的集成测试计划。

（2）设计阶段

在本项目详细设计开始时，即可着手开展集成测试设计工作。概要设计是集成测试的主要依据，此外，需求规格说明书、集成测试计划等也可作为辅助文档，用于设计集成测试方案。

（3）开发阶段

在集成测试开发阶段，须依据集成测试方案，在集成测试计划、概要设计书、需求规格说明书等文档的指导下，开展测试环境配置、测试脚本创建、测试用例生成等工作。

在配置集成测试环境时，须同时考虑集成测试所需的硬件设备、操作系统、数据库、网络环境、测试工具运行环境，以及软件运行所需的语言、解析器、浏览器等环境。

（4）运行阶段

在集成测试运行阶段，测试者通过运行测试用例和被测软件来实际运行集成测试。在测试过程中，须记录软件的运行时状态和运行结果，生成集成测试日志。

（5）分析和评估阶段

在集成测试分析和评估阶段，测试者根据测试日志对测试结果进行分析和评估，用于检测软件中存在的问题。同时，测试者也应根据测试日志检测当前集成测试计划和设计所存在的不足，对集成测试的各个阶段进行调整。

6.1.2　集成测试缺陷类型

无论采用何种开发模式，软件都需要经过逐个单元的开发，再通过组装形成有机的整体。程序模块虽可通过单元测试以验证独立工作的正确性，但并不能保证在与其他模块连接后也能正常工作。在工程实践中，几乎不存在软件单元组装过程中不发生错误的情况。下面列举几个集成测试中常见的缺陷。

1）接口缺陷。单元测试关注模块内部具体实现，往往会忽略模块间接口调用相关缺陷。

例如，软件包含程序模块 A 和 B，其中 A 包含三个参数 str_1、str_2 和 str_3，功能是将 str_1 中所包含的 str_2 去除后保存到 str_3 中。B 在调用 A 时误将 str_1 和 str_2 的位置写反，导致处理结果不正确。

2）数据丢失。各个模块需要协同工作，应按照一致的节奏发送、接收、处理数据，否则会导致数据阻塞、丢失等。

例如，软件包含程序模块 A 和 B：A 负责发送数据，B 负责接收、处理数据。当 A 发送数据的速度远高于 B 处理数据的速度时，可能会造成数据阻塞或数据丢失，并大大延长系统整体的工作时间。

3）误差放大。单个模块内可接受的误差在模块组装后被严重放大，超过系统可接受的范围。

例如，软件包含程序模块 A 和 B：A 中包含的变量 v 的预期值 x 与实际值存在正误差 Δx，B 对 v 进行 n 次方运算，运算后误差达到了 $x^n - (x - \Delta x)^n$。n 和 Δx 的不断增大会导致误差不断增大。

又如，软件包含程序模块 C 和 D：C 根据年利率计算单日利率 I_{day}，D 根据单日利率 I_{day} 和金额、天数计算总利息 I_{all}。当年利率为 3% 时，若 I_{day} 保留 5 位小数，则 $I_{day} \approx 0.00008$；若 I_{day} 保留 7 位小数，则 $I_{day} \approx 0.0000822$。假设用户存款为 1 亿元，存期为 100 天，在不同位小数下计算得到的利息分别为 80 万和 82.2 万，两者相差达 2.2 万元。

4）规格问题。不同程序模块可能采用了不一致的数据类型、数据单位等环境参数，在模块协同工作时可能存在规格问题。

例如，对于成绩管理系统，为了方便数据输入，其输入模块可接收不同类型的输入并默认保存为字符型，其统计模块为便于计算将数据默认为数值型。因此，在进行数据对接时可能存在数据不一致性问题。

同样的情况还可能发生在计费系统中。例如，称重模块默认单位为克，计费模块默认单位为公斤。当称重结果传入计费模块后，计费结果可能出现错误。

5）并发问题。对于并发程序，各个模块的处理次序存在不确定性。集成测试时要求各个模块同时运行，若它们的运行次序考虑不周，则容易出现同步错误、死锁等并发问题。

例如，图 6-4 给出一个示例程序 P1，该程序包含一个购票模块 buyTicket 和退票模块 refundTicket。在单元测试中，两个模块可分别正常独立运行。在进行集成测试时，两个模块会同步运行。假设程序运行次序为 $s_1 \rightarrow s_5 \rightarrow s_6 \rightarrow s_2$，当运行完 s_5 后，两个模块均从数据库中读取了相等的剩余票数 num_ticket ；当运行完 s_6 后，退票结束，票数应当增加一张；当运行完 s_2 后，购票结束，票数应当减少一张。此时，程序运行结束后票数应当不变。然而，运行语句 s_2 时所使用的票数依然是退票前的票数。因此，程序运行结束后票数比正确票数要少一张。

s_0	void buyTicket() {		s_4	void refundTicket() {
s_1	read(num_ticket);		s_5	read(num_ticket);
s_2	num_ticket=num_ticket-1;		s_6	num_ticket=num_ticket+1;
s_3	}		s_7	}

图 6-4　一个示例程序 P1

又如，图 6-5 给出一个死锁问题示例。程序模块 A 和 B 运行时均须利用资源 X 和 Y。在单元测试中，A 和 B 均可占用资源 X 和 Y，程序正常运行。然而在进行集成测试时，A 和 B 可同步运行。假设 A 已得到 X，正在等待申请 Y ；B 已得到 Y，正在等待申请 X。此时，由于 A 和 B 均在等待对方已占有的资源，两者陷入死锁，导致程序无法正常运行。

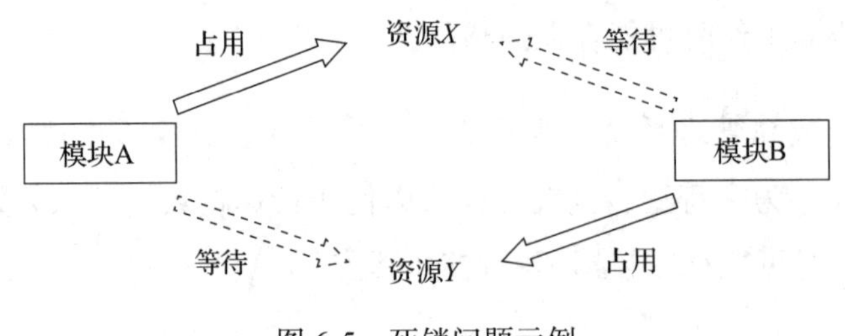

图 6-5 死锁问题示例

此外，在当前普遍流行的敏捷开发模式中，功能设计与编码实现是迭代进行的，集成测试可以间接地验证概要设计是否具有可行性。因此，集成测试是软件通过测试验证的必要阶段。

6.2 集成测试分析

集成测试是将程序模块组装后再进行测试的过程。图 6-6 给出了一个简单的程序模块组装过程：将两个或多个通过单元测试的程序模块组装为一个组件，并测试它们之间的接口；然后，将通过测试的组件进一步组装生成更大的组件并进行测试；重复上述过程直至所有程序模块组装并完成测试。

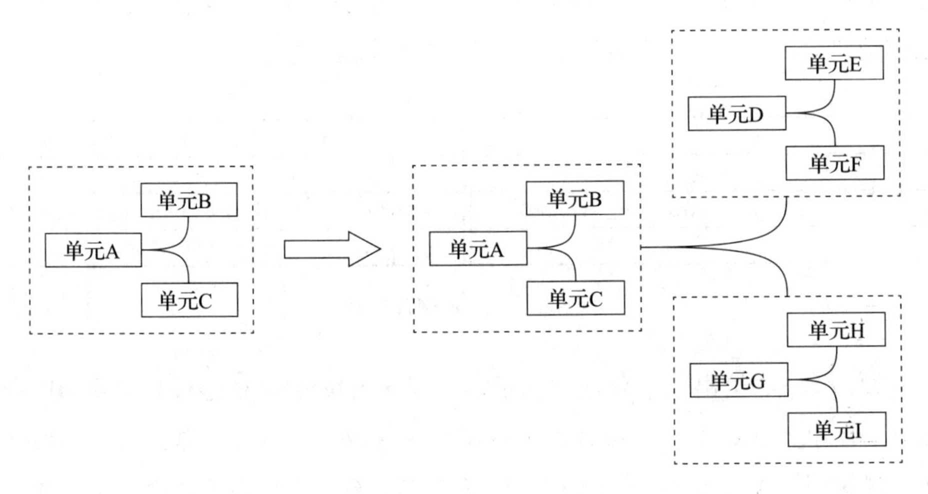

图 6-6 集成测试中的程序模块组装

合理的组件构成是对组件开展有效集成测试的前提。若组件内的模块彼此没有关联，那么对该组件进行测试是没有意义的。同样的，若组件与组件之间没有关联，那么对它们进行集成测试也是没有意义的。这就要求参与集成测试的各个模块或组件存在相依性。

在集成测试中，相依性是指模块与模块之间存在的某种形式的联系或依赖。一般的，模块之间要实现分工和协作就不可避免地会产生相依性。模块间的相依性可能来自于所要解决的问题，也可能由特定的实现方案、实现算法、实现语言或特定的目标环境所引发。

根据模块相依性是否显式可见，可分为显式相依性和隐式相依性。显式相依性是直接可见的，如软件中的信息发送模块与信息接收模块；而隐式相依性并不直接可见，如模块间的操作权限约束、定时约束等。

根据模块相依性是否依赖于模块内部的实现机制，还可分为内在相依性和外在相依性。内在相依性依赖于模块的实现机制，如模块间的继承关系。例如，模块 S 继承于模块 P，则当 P 发生变化时，S 中继承自 P 的部分自然也发生变化。外在相依性则与模块内部的实现机制无关，而是通过外部事务产生关联。图 6-7 给出了一个外在相依性示例，模块 A、B、C 共用数据 M。当 A 修改 M 后，B 和 C 也会受到影响。

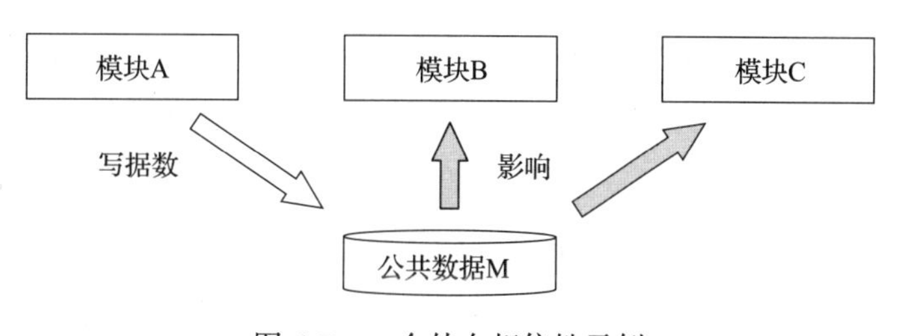

图 6-7　一个外在相依性示例

鉴于相依性在集成测试中的重要作用，在集成测试前应对软件进行分析，获取模块间的关联和依赖。常见的相依性关系包括关联、聚集、消息、调用、全局变量与公共数据等。要获取这些关系，需要对软件开展结构分析、模块分析、接口分析等操作。

（1）结构分析

在结构分析过程中，首先明确系统的单元结构图，这是集成测试的基本依据；其次，对系统的各个组件、模块间的依赖关系进行分析；最后，据此确定集成测试的粒度，即集成模块的大小。

（2）接口分析

接口分析主要包括以下七项内容：1）确定系统、子系统的边界以及模块的边界；2）确定模块内部的接口；3）确定子系统内模块间接口；4）确定子系统间接口；5）确定系统与操作系统的接口；6）确定系统与硬件的接口；7）确定系统与第三方软件的接口。

（3）模块分析

模块分析主要包括以下三项内容：1）确定本次需要集成的模块；2）明确这些模块间的关联；3）分析这些模块所需的驱动模块和测试桩模块。

6.3 集成测试策略

分析得到程序模块间的关联和依赖关系后，应研究制定软件系统的集成测试策略，并确定程序模块的测试顺序。目前存在多种集成测试策略及分类方法。例如，根据集成次数的不同存在一次性集成和增量式集成方法。对于增量式集成，又存在自顶向下、自底向上、三明治式等多种集成方法。然而应当注意的是，并不存在一种集成测试策略适用于所有的软件项目。针对一个软件项目，应根据该项目的实际情况、被测对象的特点，同时结合项目的工程环境，合理地选择集成测试策略。

6.3.1 一次性集成与增量式集成

一次性集成是指软件中所有程序模块完成单元测试后，直接按照程序结构图组装起来，作为一个整体进行测试的过程。例如，软件包含了 A ～ F 等 6 个程序模块，它们的程序结构如图 6-8 所示。当 A ～ F 等 6 个程序模块都完成单元测试后，便可按照图 6-8 中的程序结构把所有的模块组装起来并进行测试，该过程便是一次性集成测试。

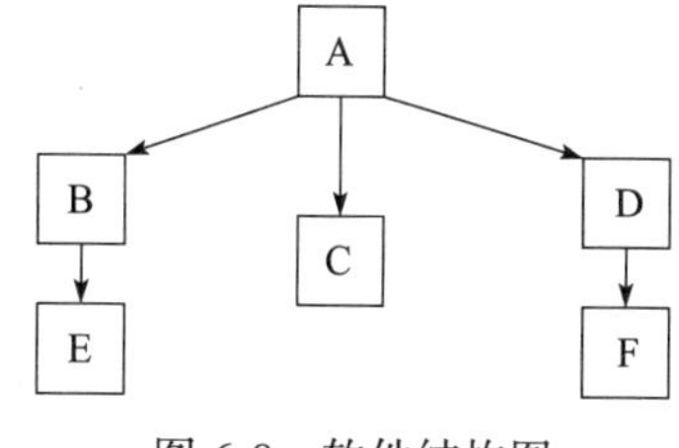

图 6-8　软件结构图

一次性集成具有集成次数少、测试工作量小等优点。同时，一次性集成后的程序包含了软件的所有组件和功能，因此不再需要驱动模块和测试桩模块。然而，一次性集成需要等待所有程序模块完成单元测试后才能进行，因此大大延长了测试开始时间和错误发现时间。同时，当测试检测到错误时，在所有模块中定位缺陷位置也变得更加困难。此外，难以开展充分的、并行的测试也是一次性集成的不足。

一次性集成主要适用于以下三类软件系统：1）软件规模小并且结构良好的软件系统；2）只做了少量修改的软件新版本；3）通过复用可信赖的构件构造的软件系统。

增量式集成是按照某种关系，先将一部分程序模块组装起来进行测试，然后逐步扩大集成的范围，直到最后将所有程序模块组装起来进行测试的过程。表 6-1 给出了一次性集成与增量式集成在各个类别上的对比，与一次性集成相比，增量式集成可以更早地、更充分地开展测试和发现错误，也可以更容易地定位缺陷位置。不可避免地，增量式集成所需的时间和工作量要远远超过一次性集成，而且增量式集成需要测试者编写驱动模块和测试桩模块。

表 6-1　一次性集成和增量式集成对比

类别	一次性集成	增量式集成
集成次数	少，1 次	多
集成工作量	小	大
测试用例	少	多
驱动模块和测试桩模块	不需要	需要
发现错误时间	较晚	早
错误定位	难	较容易
测试程度	不彻底	较为彻底
并行性	差	较好

增量式集成适用于大规模、复杂的并发软件系统，也适用于增量式开发和框架式开发的软件系统。

6.3.2 自顶向下与自底向上集成

在软件测试实践中，增量式集成较一次性集成更为普遍。其中，自顶向下集成和自底向上集成是两种典型的增量式集成方法。

（1）自顶向下集成

自顶向下集成是指依据程序结构图，从顶层开始由上到下逐步增加集成模块到集成测试的过程。在集成路径的选择上，还可选择广度优先和深度优先方法来添加测试模块。自顶向下集成的具体步骤如下：

1）以软件结构图的根节点作为起始节点，并根据软件的主控模块构建测试驱动模块。

2）根据集成路径，选择添加一个或多个通过单元测试的同级或下级程序模块作为测试对象，并针对相关模块构建测试桩模块。

3）针对测试对象开展测试，验证测试对象是否存在缺陷。

4）重复步骤 2 ～ 3 直至测试对象包含软件中的所有程序模块。

以深度优先为例，自顶向下增量式集成的过程如图 6-9 所示。其中，阴影部分为每一轮的集成结果。

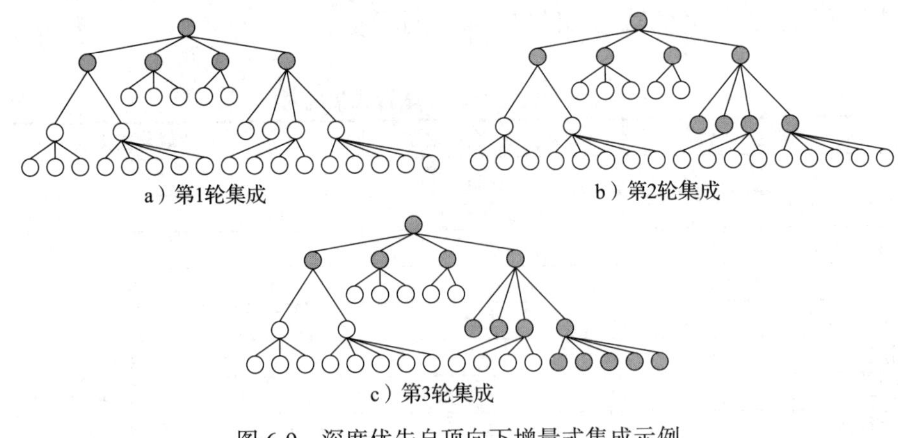

图 6-9 深度优先自顶向下增量式集成示例

（2）自底向上集成

自底向上集成是工程实践中最常用的集成测试方案，相关技术也较为成熟。自底向上集成是指依据程序结构图，从最底层开始由下到上逐步增加程序模块到集成测试的过程。类似的，在集成路径的选择上，可以选择广度优先和深度优先方法来添加测试模块。自底向上集成的具体步骤如下：

1）以软件结构图的叶子节点作为起始节点，并针对起始节点构建驱动模块。

2）根据集成路径，选择添加一个或多个通过单元测试的同级或上级程序模块作为测试对象，并针对测试对象构建驱动模块。

3）针对测试对象开展测试，验证测试对象是否存在缺陷。

4）重复步骤 2 ～ 3 直至测试对象包含软件中的所有程序模块。

以深度优先为例，自底向上增量式集成的过程如图 6-10 所示。其中，阴影部分为每一轮的集成结果。

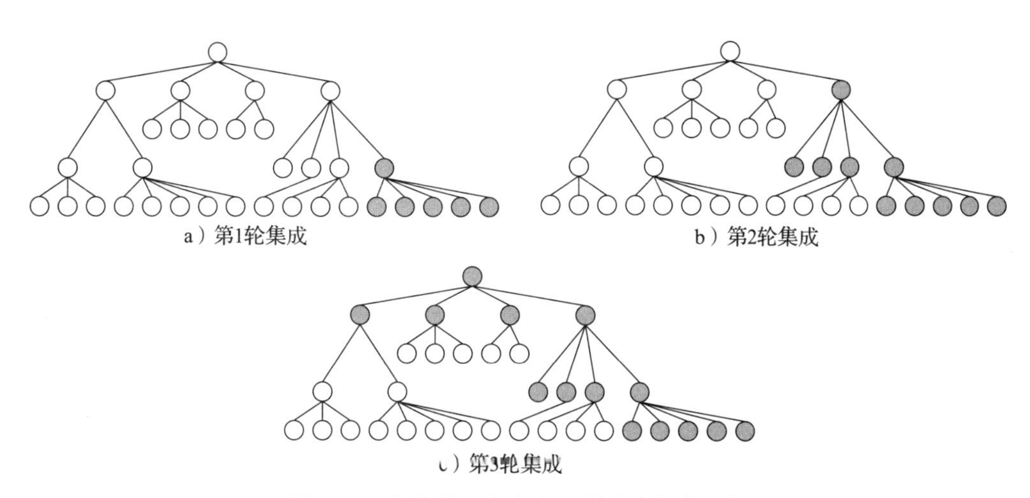

图 6-10　深度优先自底向上增量式集成示例

表 6-2 给出了自顶向下集成与自底向上集成的优缺点对比。自底向上集成在采用传统瀑布式开发模式的软件项目中较为常见。与自底向上集成相比，自顶向下集成减轻了驱动模块开发的工作量，因而可以较早地开展集成工作。同时，可以避免尚未定义或未来可能修改的底层接口，提高了测试结果的稳定性。不可避免

的，自顶向下集成需要开发大量的测试桩模块。由于测试桩模块不能完全地模拟底层模块，在某些情况下还需对顶层模块进行一定程度的修改才能保证集成测试顺利进行。对于自顶向下集成，顶层模块的测试充分性要高于底层模块。

表 6-2 自顶向下集成与自底向上集成对比

类别	自顶向下集成	自底向上集成
优点	• 减轻了驱动模块开发的工作量 • 测试者可尽早了解系统的框架 • 可以自然做到逐步求精 • 若底层接口未定义或可能修改，则可以避免提交不稳定的接口	• 底层叶节点的测试和集成可并行开展 • 底层模块的调用和测试较为充分 • 减轻了测试桩模块开发的工作量 • 测试者可以较好地锁定缺陷位置 • 由于驱动模块模拟了所有的调用参数，即使数据流并未构成有向的非环状图，生成测试数据也没有困难 • 适合于关键模块在结构图底部的情况
缺点	• 测试桩模块的开发代价较大 • 底层模块无法预料的条件要求会迫使上层模块的修改 • 底层模块的调用和测试不够充分 • 在输入 / 输出模块接入系统之前，生成测试数据有一定困难 • 测试桩模块不能自动生成数据，若模块间的数据流不能构成有向的非环状图，一些模块的测试数据难于生成 • 观察和解释测试输出比较困难	• 需要驱动模块 • 高层模块的可操作性和互操作性测试不够充分 • 在某些开发模式（如 XP 开发模式）上并不适用 • 测试者不能尽早了解系统的框架 • 时序、资源竞争等问题只有到测试后期才能被发现

自底向上集成适用于复杂、重要的功能位于底层的软件系统，也适用于子系统迭代和增量开发过程。与自顶向下集成相比，自底向上集成减轻了测试桩模块开发的工作量，测试实现更为方便。同时，由于底层节点较多，可针对多组程序模块同时开展集成测试工作，节约了集成测试的时间。不可避免的，自底向上集成需要持续开发驱动模块，对高层模块的测试充分性也要低于底层模块。此外，对于某些开发模式（如 XP 开发模式，它要求开发人员预先完成软件核心模块的开发），自底向上集成并不合适。

为避免自顶向下和自底向上集成测试各自的不足，并结合两者的优势，还可针对软件系统同时开展自顶向下、自底向上集成测试工作，这种方式称为三明治式集成。图 6-11 给出了一个三明治式集成示例，阴影部分表示集成过程中的一个中间结果。通过三明治式集成，可以减少部分驱动模块和测试桩模块开发工作。

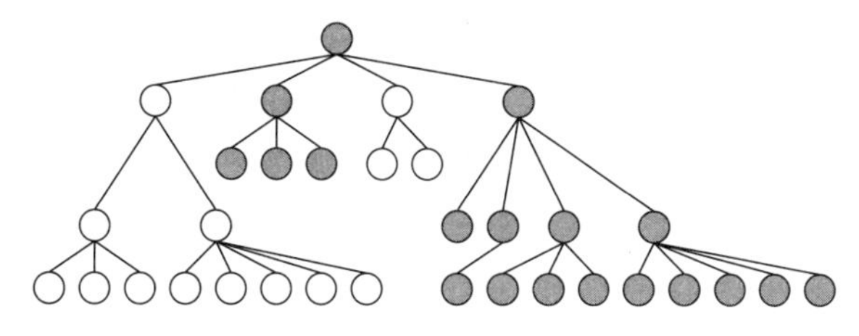

图 6-11 三明治式集成示例

6.3.3 基于调用图的集成

驱动模块和测试桩模块开发是集成测试过程中的主要工作。如果通过合理的集成策略减少所需的驱动模块和测试桩模块，则可有效地减少集成测试的工作量。基于调用图的集成就是一种用于减少驱动模块和测试桩模块的集成策略。在基于调用图的集成策略中，须预先构建程序调用图，识别各个模块间的程序调用关系。基于调用图的集成策略主要包括成对集成和相邻集成两类。

（1）成对集成

成对集成是指把程序调用图中的节点对放在一起进行测试，也可理解为以程序调用图中的边为单位进行测试。其中，节点对是指软件中存在调用关系的一组程序模块。图 6-12 给出一个成对集成示例，该图表示一个程序调用图，其中阴影部分表示成对集成过程中的一个中间结果，该中间结果包含两个节点对 <2, 7> 和 <4, 5>。

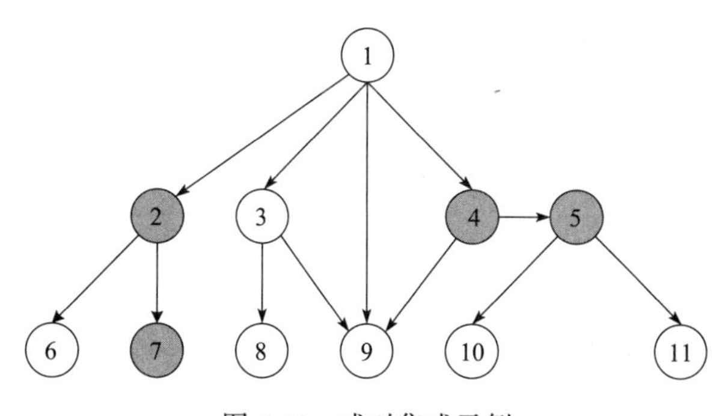

图 6-12 成对集成示例

（2）相邻集成

在有向图中，一个节点的邻居包含了该节点的所有直接前驱节点和所有直接后继节点。因此在程序调用图中，一个程序模块的邻居就是调用该程序模块的上层节点和被该程序模块调用的下层节点。

相邻集成是指以程序调用图的某个节点为中心，将所有调用该节点的上层节点和所有被该节点调用的下层节点放在一起进行测试。图 6-13 给出一个相邻集成示例，该图表示一个程序调用图，其中阴影部分表示相邻集成过程中的一个中间结果，该中间结果包含了节点 2 的邻居节点 1、6、7 和节点 5 的邻居节点 4、10、11。

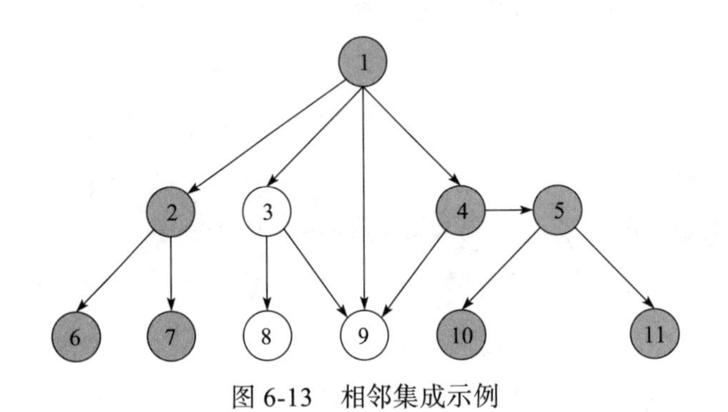

图 6-13 相邻集成示例

基于调用图的集成是从调用关系和协作关系出发，对成对节点或者相邻节点进行集成测试。基于调用图的集成有效地减轻了驱动模块和测试桩模块开发的工作量，且对模块调用关系以及功能的衔接测试较为充分。由于程序调用图中的每条边都是独立的，可针对每个节点或节点对同步开展多组集成测试。然而，随着软件的结构越来越复杂，程序间的调用关系和协作关系也变得越来越复杂，因此很难开展充分的测试。

基于调用图的集成适用于以下两种情况：需要尽快验证一个可运行的调用或协作关系；被测系统已清楚定义了构件的调用和协作关系。

6.3.4 其他集成测试策略

除前文所述内容外，还存在一些其他的集成测试策略，如核心系统先行集成、客户/服务器集成、持续集成、分层集成、基于功能的集成、基于进度的集成等。下面将简单介绍这些方法，并讨论它们的优缺点和适用场景。

（1）核心系统先行集成

核心系统先行集成过程类似于一个逐渐趋于闭合的螺旋形曲线，代表产品逐步定型的过程，其基本思想是先对软件系统中的核心程序模块进行测试，在此基础上依据外围程序模块的重要程度逐个集成到核心系统中，直至所有程序模块都被集成。核心系统先行集成的具体步骤如下：

1）识别软件系统中的核心模块，并要求每个核心模块都要通过单元测试。

2）将所有的核心模块一次性集成为测试对象，并对其开发驱动模块和测试桩模块。若待测软件系统的核心部分规模较大，也可采用自顶向下或自底向上等增量式集成策略。

3）分析外围程序模块的重要程度以及模块间的制约关系，制定外围程序模块的集成顺序。

4）根据集成顺序将外围模块逐个集成到核心部分中，注意外围模块在集成前应先通过单元测试。

5）重复步骤4直至测试对象包含软件中的所有程序模块。

图6-14给出一个核心系统先行集成示例，待测系统包含A、B、C这3个核心程序模块和D、E等多个外围程序模块，其中D的重要性高于E。在第一次集成测试时，应首先包含A、B、C这3个程序模块。随后，逐渐增加模块D和E并进行测试。所有模块增加后，则集成结束。

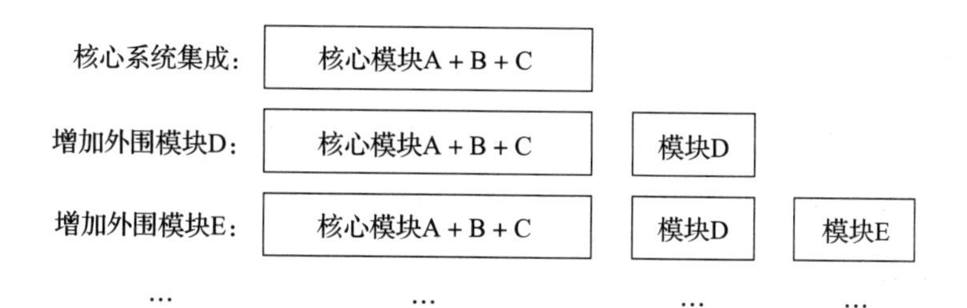

图6-14 核心系统先行集成示例

核心系统先行集成在快速软件开发中具有很好的效果，也适用于复杂系统的集成测试，可以保证重要的功能和服务尽早实现。由于该集成策略保证了核心系统的正确性，可以较早地揭示软件系统中的严重缺陷。核心系统先行集成要求待测系统具有较高的耦合度，保证核心程序模块和外围程序模块得以明确划分。此外，对于核心系统先行集成，早期集成结果的稳定性也需要重点保障。

（2）客户 / 服务器集成

如图 6-15 所示的客户 / 服务器（Client/Server，C/S）结构已被当前软件系统普遍采用。相应的，客户 / 服务器集成也成为一项主要的集成测试策略，用于验证客户端和服务器端交互的正确性和稳定性。C/S 结构软件包含客户端和服务器端两部分，因此在测试时需要经历以下三个阶段：

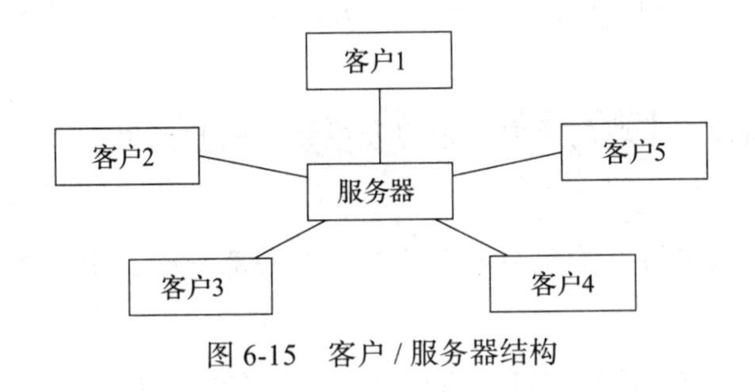

图 6-15　客户 / 服务器结构

1）客户端 + 服务器端测试桩模块集成测试。

2）服务器端 + 客户端测试桩模块集成测试。

3）客户端 + 服务器端集成测试。

也就是说，在测试时应分别单独测试客户端和服务器端，并开发测试桩模块替代另一端。客户端和服务器端测试分别通过后，再把客户端和服务器端组装在一起进行测试。

客户 / 服务器集成结构清晰、测试用例可控、可复用，缺点是要求待测软件系统包含服务器端测试桩模块和客户端测试桩模块。

（3）持续集成

早期软件一般采用瀑布式开发方法，软件集成测试被安排在开发的后期。然而，集成测试安排得越晚，软件中的问题和缺陷暴露得也会越晚，开发人员需要集中修改大量的软件缺陷，这会为软件研发带来巨大的风险，导致软件无法正常交付，甚至导致软件项目研发失败。对此，可采用持续集成来提高软件的质量保障。

持续集成是指同步于软件开发过程，频繁不断地对已完成的代码进行集成的过程。持续集成一般在部分代码开发之后便开始集成测试工作，而不需要等待所有代码开发完毕。如图 6-16 所示，每次集成测试通过之后，即可得到一个产品基线。每当新代码达到一定的代码量之后，便会加入基线之中，并再次进行集成测试。持续集成的具体步骤如下：

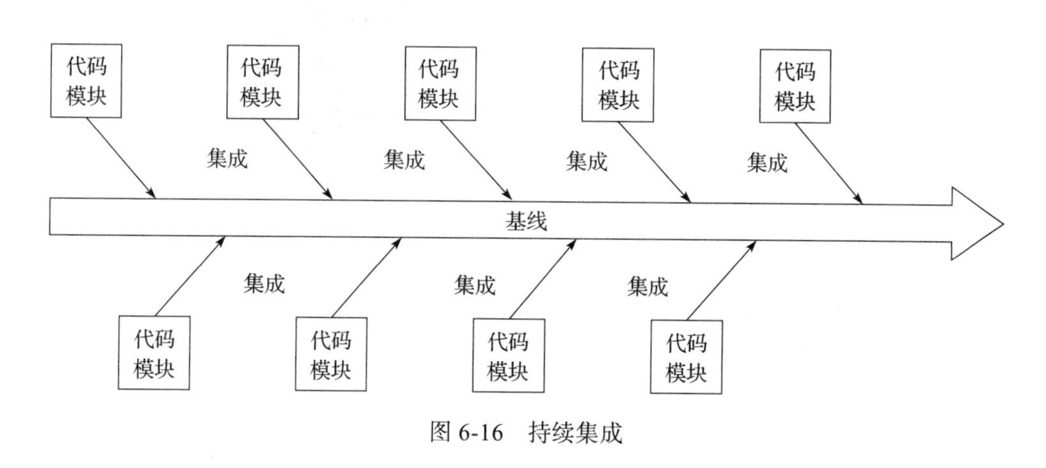

图 6-16　持续集成

1）选择集成测试自动化工具来实现集成测试的自动化。例如，Java 项目多采用 JUnit+Ant 工具。

2）选择版本控制工具（如 CVS、Git），确保集成测试自动化工具可有效获得软件的最新版本。

3）编写待测程序的测试用例。

4）配置自动化集成测试工具，按时间设置对新添加的代码进行自动化集成测试，并为开发人员和测试人员生成集成测试报告。

5）根据测试报告修复软件当前版本中的缺陷。

6）重复步骤 3 ～ 5 直至形成最终软件产品。

持续集成需要频繁地进行集成测试，工作量很大，难以完全依靠手工完成。因此，在自动化集成测试工具的帮助下还应设置合理的集成测试时间。例如，可在夜间开展集成测试工作。如图 6-17 所示，开发团队白天开发代码，下班前提交代码。随后，夜间代码在测试平台自动地将新增代码与原有基线集成到一起以开展集成测试，并将测试结果发送到各个开发人员和测试人员的邮箱中。

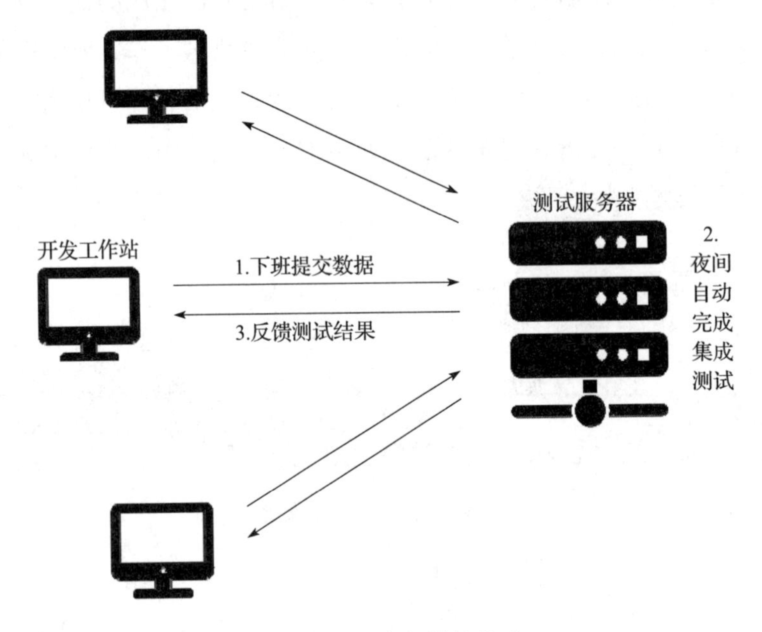

图 6-17　夜间持续集成

在进行集成测试时，若采用持续集成，研发人员和待测系统需满足一定的条件：1）待测系统可以持续获得一个稳定的增量，且该增量已通过单元测试；2）大多数有意义功能的增加可在一个相对稳定的时间间隔（如一个工作日）内获得；3）软件代码和测试用例编写同步进行，且存在可用的软件版本控制工具来保障开发和测试版本的有效获得；4）存在可用的自动化集成测试工具，完全依赖人工开展持续集成测试是不可行的。

持续集成可及时发现软件代码中的问题和缺陷，并能直观地看到开发团队的工程进度。在此方案中，开发维护源代码与开发维护软件测试包被赋予了同等的重要性，这为防止错误、及时纠正错误都提供了有效的帮助。持续集成的缺点在于测试包可能不能暴露深层次的、图形用户界面等缺陷。

（4）分层集成

如图 6-18 所示，一些软件具有明显的层次结构。分层集成即将软件划分为不同的层次，先对每个层次分别测试，然后再把各个层次组装在一起的过程。通过分层集成测试，可以有效验证这一类软件系统的正确性、稳定性和可操作性。分层集成的具体步骤如下：

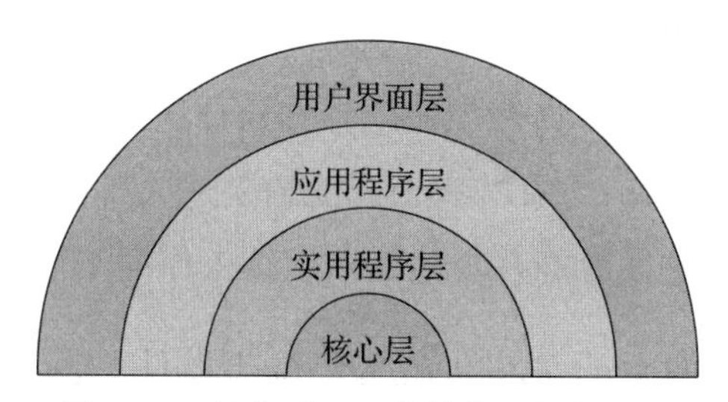

图 6-18 具有明显程序结构的软件系统

1）分析并划分待测软件系统的层次。

2）确定每个层次内部的集成测试策略，之后按层分别进行测试。

3）确定层次间的集成策略，并将多个层次组装起来进行测试。

（5）基于功能的集成

软件系统中各个功能的重要性是不同的，最重要的功能应当首先投入测试。对此，应当采用基于功能的集成测试方法。基于功能的集成的具体步骤如下：

1）分析软件中各个功能的重要性，由此确认它们的优先级别。

2）选择优先级最高的功能路径，并将该路径所涉及的程序模块组合在一起，设计驱动模块和测试桩模块进行测试。

3）分析选择剩余功能中优先级最高的功能路径，将其与前一测试对象组合在一起，设计驱动模块和测试桩模块进行测试。

4）重复步骤 3 直至所有模块包含到待测对象中。

基于功能的集成可以尽早地测试和验证系统的关键功能，其优点在于可直接验证系统中的主要功能，较早地确认所开发的系统中关键功能是否得以实现。缺点是不适用于复杂系统，对于部分接口测试不够充分，容易漏掉大量接口错误。此外，测试开始时需要大量的测试桩模块，以及容易出现较大的冗余测试。

基于功能的集成适用于以下几种类型的软件系统：1）主要功能具有较大风险性的产品；2）探索型技术研发项目；3）注重功能实现的项目，或者部分功能急于投入使用的项目；4）对于所实现的功能信心不强的项目。

（6）基于进度的集成

部分软件项目工期比较紧，须加快项目的总体进度。为尽早地进行集成测试，提高开发与测试的并行性，可采用基于进度的集成，即把已经开发好的部分尽可能提前进行集成测试，这样就能有效地缩短后续工作的工期。

基于进度的集成适用于开发进度优先级高于软件质量的项目，该策略具有比较高的并行度，能有效加快软件开发进度，缩短软件项目的总体工期。缺点在于早期获得的模块之间缺乏整体性，只能分别进行集成，导致许多接口必须等到后期才能验证。此时，系统可能已经很复杂，检测隐藏的接口缺陷则更加困难，测试桩模块和驱动模块的工作量也因此会变得非常庞大。此外，由于进度的原因，模块可能很不稳定且会不断变动，从而导致测试的重复和浪费。

6.4 小结

本章介绍了集成测试，主要包括集成测试分析和集成测试策略两个部分。仅仅依赖单元测试并不能保证单元组装后仍可正确运行，因而需要针对性地开展集成测试，保障组装后程序的正确性。在集成过程中，各个单元需要依赖程序内部的逻辑关系来构建一个有机的整体，因此与单元测试相同，开发者也应更多地参与到集成测试过程中。

习题 6

一、单项选择题

1. 增量式集成测试有 3 种方式：自顶向下增量测试方法、（　　）和混合增量测试方式。

A. 自中向下增量测试方法　　B. 自底向上增量测试方法
C. 多次性测试　　D. 维护

2. 集成测试的测试用例是根据（　　）来设计的。
A. 需求分析　　B. 源程序　　C. 概要设计　　D. 详细设计

3. 集成测试用于检验系统内部交互以及集成后系统的（　　）。
A. 正确性　　B. 可靠性　　C. 可使用性　　D. 可维护性

4. 在自底向上集成测试中，要编写称为（　　）的测试辅助模块。
A. 输入模块　　B. 输出模块　　C. 驱动模块　　D. 测试桩模块

5. 在基于调用图的集成中，有一种集成策略就是对调用图的每一条边建立并执行一项集成测试，这种集成策略是（　　）。
A. 相邻集成　　B. 持续集成　　C. 三明治集成　　D. 成对集成

6. 在集成测试逐步扩大集成范围，增加集成模块的具体路径选择上，又可以分为（　　）和深度优先。
A. 广度优先　　B. 难度优先　　C. 下层优先　　D. 上层优先

7. 以下不属于隐性相依的是（　　）。
A. 信息发送和接收模块之间的相依性　　B. 操作权限约束
C. 定时约束　　D. 资源共用相依性

8. 与问题本身有关的相依性，是为（　　）而产生的。
A. 实现问题的分解和模块协作　　B. 特定的实现方案或算法
C. 某种编程语言　　D. 特定的目标环境

二、分析设计题

1. 设有 ModuleA 和 ModuleB：

```
public class ModuleA {
    public static double operate(double x) {
        // 模块 A 内部进行处理
        // ...
        double temp = 3 * x;
        // 调用模块 B
        double y = ModuleB.operate(temp);
        // 继续处理
        // ...
        return y;
    }
}
public class ModuleB {
    public static double operate(double x) {
        // 模块 B 内部进行处理
        // ...
```

```
        double temp = 7 * x * x * x;
        // 继续处理
        // ...
        double y = temp;
        return y;
    }
}
```

已知变量 x 一开始就有一定的误差 Δx，请分析 ModuleA.operate (x) 执行完毕后，返回结果 y 的误差有多大？

2. 设有两段代码 ModuleA 和 ModuleB，它们由不同的程序员开发，试分析对这两段代码进行集成测试时会出现什么问题？试设计两个测试数据，一个能发现这一问题，另一个则不能发现这一问题。

```
public class ModuleA {
    /**
     * 实现将 str1 中包含的 str2 去掉后的内容返回的功能
     * @param str1 字符串 1
     * @param str2 字符串 2
     * @param 返回处理的结果
     */
    public String operate(String str1, String str2) {
        return str1.replace(str2, "");
    }
}

public class ModuleB {
    private ModuleA moduleA;
        public void setModuleA(ModuleA moduleA) {
        this.moduleA = moduleA;
    }
    /**
     * 模块 B 的具体处理操作，调用了模块 A 的接口
     */
    public String operate(String str1, String str2) {
        // str1 待替换的目标串
        // str2 原串
        return moduleA.operate(str1, str2);
    }
}
```

第 7 章
Chapter 7

JUnit 基础

开展快速有效的单元测试离不开单元测试框架的支持。对于 Java 语言而言，JUnit 就是一款十分成熟且常用的单元测试开源框架，该框架用于编写和运行可重复的单元测试，确保程序可以按预期进行工作。JUnit 对测试驱动的软件开发起到了非常重要的推动作用，它促进了“先测试后编码”的软件开发理念，强调首先构建测试代码，然后再构建应用代码。该理念可以减少程序员的压力和花费在排错上的时间，有效增加了程序员的产量和程序的稳定性。

JUnit 提供了简洁而清晰的测试结构，十分便于研发人员学习和使用。该框架使用注解来识别测试方法，使用断言来判断运行结果，同时还提供了测试运行机制来自动运行测试用例。在运行过程中，该框架可以实时反馈每一个测试用例的运行结果：若测试用例运行成功则显示绿色；反之，则显示红色。所有测试用例运行结束后，该框架自动提供程序在每一个测试用例上的运行结果，无须人工检测和生成测试报告。

7.1 一个 JUnit 实例

JUnit 自建立后就受到研究人员和工业界的广泛关注，逐步成为 xUNIT 家族中最为成功的一个。当前，多数面向 Java 的集成开发环境都已提供了对 JUnit 的支持，这也使其生态圈更加良好和完整。本节将以图 7-1 中 Calculate 类为例，通过部署在 Eclipse 中的 JUnit 插件来简单说明 JUnit 的用法。

s_0	package net.mooctest;
s_1	public class Calculate {
s_2	public int add(int a, int b) {
s_3	return a+b;
s_4	}
s_5	public int subtract(int a, int b) {
s_6	return a-b;
s_7	}
s_8	public int multiply(int a, int b) {
s_9	return a*b;
s_{10}	}
s_{11}	public int divide(int a, int b) {
s_{12}	return a/b;
s_{13}	}
s_{14}	}

图 7-1　类 Calculate

在 Eclipse 中新建项目 Calculate，并将该 Calculate 类放到项目中。在项目上单击右键，在“New”中找到并选择“JUnit Test Case”，单击“Next”。此时，进入图 7-2 的 JUnit 测试用例初始设置页面。在该页面中，测试者可以选择 JUnit 的版本，测试用例存放的路径和包，测试用例的类名、父类、方法等。根据 2.4 节内容，待测类对应测试类的命名应当采用“待测类名 +Test”的模式。因此，Calculate 对应测试类应命名为 CalculateTest。其他内容可采用默认配置。单击“Finish”后，生成测试类 CalculateTest 的基本框架，其内容如图 7-3 所示。

类 Calculate 包含 add、substract、multiply、divide4 个方法，可以看作 4 个单元模块。因此，测试类 CalculateTest 至少应包含 4 个测试用例来分别测试每个方法。根据 2.4 节内容，待测方法对应测试用例的命名应当采用“ test+ 待测方法名”的模式，其中待测方法名的首字母应大写。

JUnit 插件提供了自动生成待测方法测试用例框架的功能。在待测文件 Calculate 上单击右键，在“New”中找到并选择“JUnit Test Case”，单击“Next”。此时，进入图 7-4a。与图 7-2 设置页面不同，由于测试者指定了待测类，插件可以自动生成候选的待测方法。如图 7-4b 所示，插件生成了 add、substract、multiply、 divide 等方法的候选待测方法。单击“Finish”后，生成测试类 CalculateTest 的基本框架，其内容如图 7-5 所示。

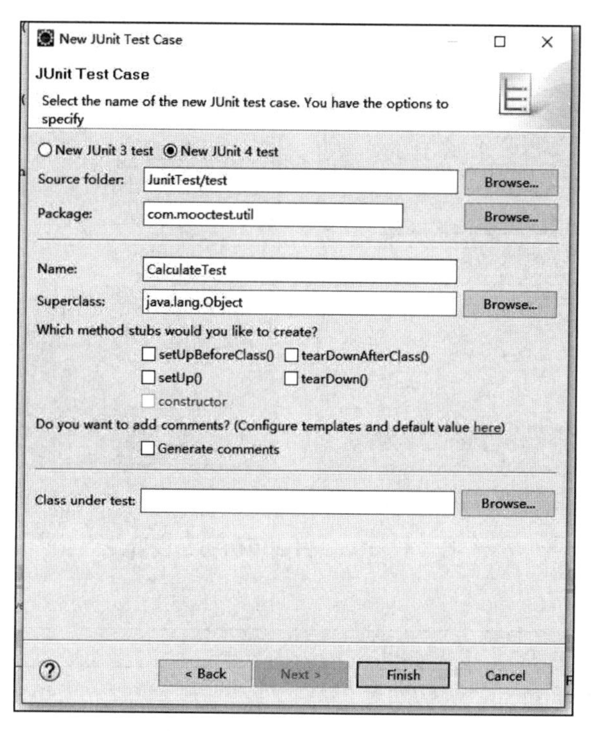

图 7-2　JUnit 测试用例初始设置页面

s_0	package net.mooctest;
s_1	import static org.junit.Assert.*;
s_2	public class CalculateTest {
s_3	@Test
s_4	public void test() {
s_5	Fail("Not yet implemented");
s_6	}　　}

图 7-3　测试类 CalculateTest 的基本框架

对于每一个测试用例，需要添加断言语句来判断程序的运行结果。类 Calculate 是一个简单的计算程序，因此可通过判断相等性的 assertEquals 方法来验证程序的正确性。图 7-6 给出补充测试用例后的测试类 CalculateTest。

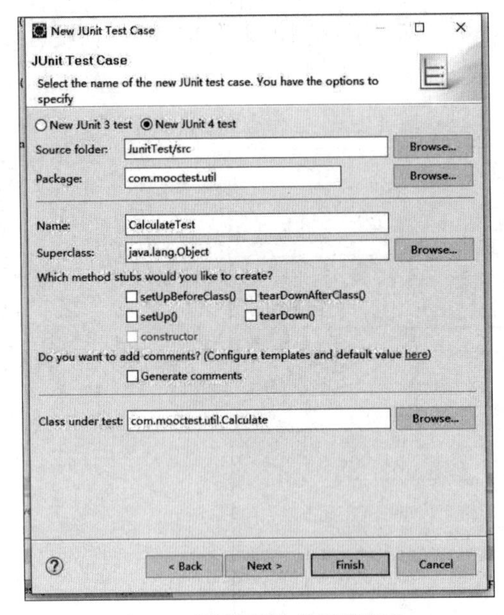

a）JUnit 测试用例初始设置页面

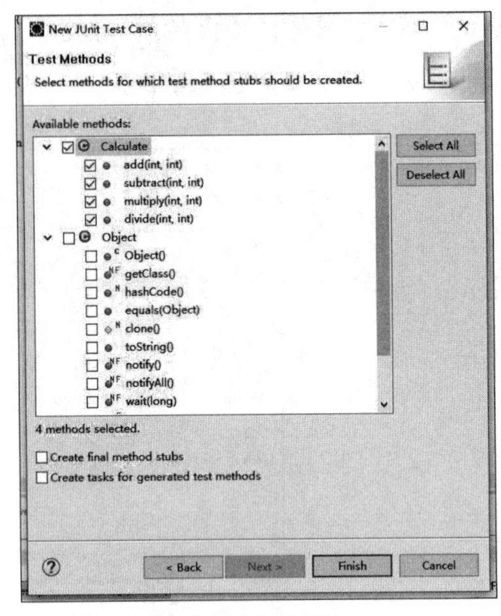

b）测试方法选择

图 7-4　JUnit 测试用例初始设置

s_0	`package net.mooctest;`
s_1	`import static org.junit.Assert.*;`
s_2	`public class CalculateTest {`
s_3	`    @Test`
s_4	`    public void testAdd() {`
s_5	`    }`
s_6	`    @Test`
s_7	`    public void testSubstract() {`
s_8	`    }`
s_9	`    @Test`
s_{10}	`    public void testMultiplay() {`
s_{11}	`    }`
s_{12}	`    @Test`
s_{13}	`    public void testDivide() {`
s_{14}	`    }`
s_{15}	`}`

图 7-5　生成测试类 CalculateTest 的基本框架

s_0	package net.mooctest;
s_1	import static org.junit.Assert.*;
s_2	public class CalculateTest {
s_3	@Test
s_4	public void testAdd() {
s_5	assertEquals(6,new Calculate().add(3, 3));
s_6	}
s_7	@Test
s_8	public void testSubstract() {
s_9	assertEquals(1,new Calculate().substract(4, 3));
s_{10}	}
s_{11}	@Test
s_{12}	public void testMultiplay() {
s_{13}	assertEquals(12,new Calculate().multiplay(3, 4));
s_{14}	}
s_{15}	@Test
s_{16}	public void testDivide() {
s_{17}	assertEquals(2,new Calculate().divide(6, 3));
s_{18}	}
s_{19}	}

图 7-6　添加测试用例的测试类 CalculateTest

测试用例编写完成后，就可以通过运行测试类文件来验证程序。在 Eclipse 中使用“JUnit Test”方式来运行测试类，测试结果在 JUnit 输出框中显示。测试类的运行结果如图 7-7a 所示。可以看到，源程序通过所有的测试用例，状态条显示为绿色。

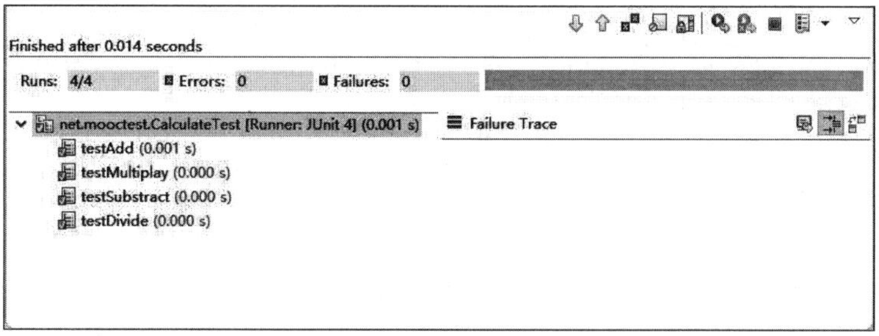

Finished after 0.014 seconds
Runs: 4/4　Errors: 0　Failures: 0
net.mooctest.CalculateTest [Runner: JUnit 4] (0.001 s)　Failure Trace
testAdd (0.001 s)
testMultiplay (0.000 s)
testSubstract (0.000 s)
testDivide (0.000 s)

a）测试用例运行成功

图 7-7　JUnit 运行结果

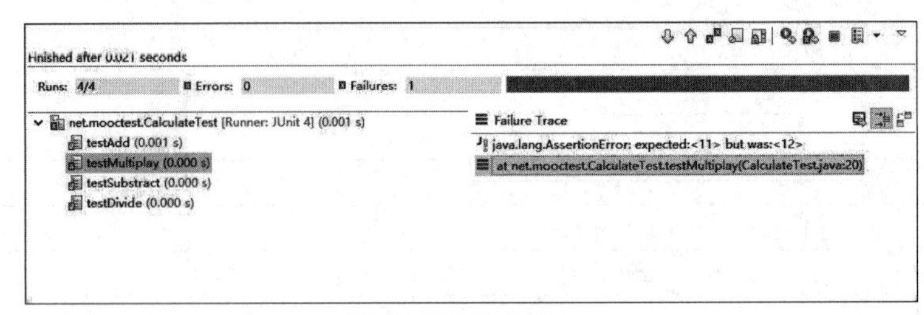

b）测试用例运行失败

图 7-7 （续）

当测试用例运行失败后，JUnit 输出结果与图 7-7a 不再相同。例如，将测试用例 testMultiply 中的预期结果改为 11，并再次运行测试用例，JUnit 输出结果如图 7-7b 所示。此时，状态条变为红色。图 7-8 给出了此次运行的报错信息，方法 multiply 在输入为 3 和 4 时实际的返回结果为 12，与预期结果 11 不符，因此测试用例运行未通过。

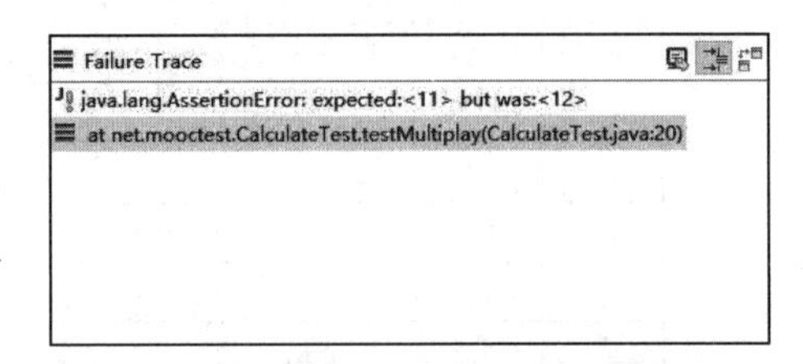

图 7-8　JUnit 报错信息

7.2　注解

注解是简化软件控制结构，提高程序自动化水平的重要方法。JUnit 也提供了注解功能，帮助用户更清晰地表达测试程序的逻辑结构和功能。常用的 JUnit 注解包括 @BeforeClass、@AfterClass、@Before、@After、@Test、@Ignore 等，它们规定了每个测试用例的运行顺序，即 @BeforeClass → @Before → @Test → @After → @AfterClass，从而确定了整个测试流程。下面对每一个注解分别进行介绍。

（1）@BeforeClass

@BeforeClass 所注解的方法是 JUnit 测试时首个被运行的方法，且只被运行一次。@BeforeClass 所注解的方法必须是 static void 类型，通常会涉及复杂的计算和预处理任务，如连接数据库等。

（2）@AfterClass

@AfterClass所注解的方法是JUnit测试时最后一个被运行的方法，且只被运行一次。@AfterClass所注解的方法必须是static void类型，通常会涉及资源释放相关任务，如关闭数据库等。

（3）@Before

@Before所注解的方法在每个测试用例运行之前运行，通常用于初始化测试用例所需的资源。

（4）@After

@After所注解的方法在每个测试用例运行之后运行，通常用于释放@Before所注解的方法打开的资源。需要注意的是，当@Test或@Before所注解的方法发生异常时，@After所注解的方法仍会被运行。

（5）@Test

@Test所注解的方法被称为测试用例，包含了源程序的测试代码。@Test注解包含expected和timeout两个可选参数。其中，expected表示测试用例运行后应该抛出的异常；timeout表示测试方法的运行时间。为避免程序测试时陷入死循环或运行时间过长，可以通过timeout来限制测试用例运行时间。

（6）@Ignore

@Ignore所注解的方法在测试过程中不会运行。

以图7-9中JunitThread类为例进一步说明JUnit中的基本注解，该类的测试类JunitThreadTest如图7-10所示。JunitThread类包含方法add和division，因此Junit-ThreadTest需要包含testAdd和testDivision方法。此外，为测试注解@Ignore，JunitThreadTest中还添加了一个testIgnore方法。图7-11给出测试类JunitThread-Test的运行结果。可以看到，@BeforeClass注解的方法首先运行，@AfterClass注解的方法最后运行，@Before和@After注解的方法在@Test前后运行，而@

Ignore 注解的方法不会被运行。

s_0	package net.mooctest;
s_1	public class JunitThread extends Thread {
s_2	public int add(int a, int b){
s_3	int result = 0;
s_4	try{
s_5	sleep(1000);
s_6	result = a + b;
s_7	} catch(InterruptedException e) {}
s_8	return result;
s_9	}
s_{10}	public int division(int a, int b){
s_{11}	return a / b;
s_{12}	} }

图 7-9 类 JunitThread

s_0	package net.mooctest;
s_1	import static org.junit.Assert.*;
s_2	public class JunitThreadTest {
s_3	**@BeforeClass**
s_4	public static void setUpBeforeClass() throws Exception {
s_5	System.out.println("In BeforeClass");
s_6	}
s_7	**@AfterClass**
s_8	public static void tearDownAfterClass() throws Exception {
s_9	System.out.println("In AfterClass");
s_{10}	}
s_{11}	**@Before**
s_{12}	public void before() { System.out.println("In Before"); }
s_{13}	**@After**
s_{14}	public void after() { System.out.println("In After"); }
s_{15}	**@Test(timeout=10000)**
s_{16}	public void testAdd() {
s_{17}	System.out.println("In Test Add");
s_{18}	assertEquals(6, new JDemo().add(3, 3));

图 7-10 测试类 JunitThreadTest

S_{19}	`    }`
S_{20}	**`    @Test(expected=ArithmeticException.class)`**
S_{21}	`    public void testDivision() {`
S_{22}	`        System.out.println("In Test Division");`
S_{23}	`        assertEquals(3, new JDemo().division(6, 2));`
S_{24}	`        assertEquals(3, new JDemo().division(6, 0));`
S_{25}	`    }`
S_{26}	**`    @Ignore`**
S_{27}	**`    @Test`**
S_{28}	`    public void testIgnore() {`
S_{29}	`        System.out.println("In Test Ignore");`
S_{30}	`    }`
S_{31}	`}`

图 7-10 （续）

```
In BeforeClass
In Before
In Test Add
In After
In Before
In Test Division
In After
In Before
In After
In AfterClass
```

图 7-11 测试类 JunitThreadTest 运行结果

7.3 测试类与测试方法

JUnit 定义和实现了一系列测试类和测试方法，以帮助测试者更快、更有效地开展单元测试工作。在 JUnit 中，Assert、TestCase、TestResult、TestSuite 等是重要的测试类。

7.3.1 Assert

检查并判断程序的运行结果是软件测试中的一项重要工作。在测试前测试者通常会在程序中埋入一些断言条件，若程序运行时不能满足这些条件，则表明程序的运行状态（或运行结果）与期望不一致，程序中存在缺陷。

JUnit 通过 Assert 类提供了一系列断言方法来帮助测试者判断程序的运行结果，该类位于 junit.framework 包中。一般的，断言方法中的参数包括期望变量 $var_{expected}$ 和实际变量 var_{actual} 两个部分。在运行断言语句时，若 $var_{expected}$ 与 var_{actual} 的值相等，则表明程序运行结果与期望相符；否则表明程序运行结果与期望相异，测试用例运行失败。

表 7-1 给出 Assert 类中主要的断言方法。可以看到，这些断言方法覆盖了各种基本类型变量（布尔型、整型、浮点型）和引用类型变量的比较场景，如 assertNull 方法可用于判断引用类型变量是否为 NULL，assertTrue 方法可用于判断布尔型变量是否为 True 等。7.1 节同样应用了 Assert 类中的断言方法来判断测试用例运行结果。该示例程序计算整型变量的加减乘除结果，因此采用 assertEquals (long expected, long actual) 方法进行验证。

表 7-1　Assert 类中的主要方法

方　法	描　述
assertNull(Object object)	检查对象是否为空
assertNotNull(Object object)	检查对象是否不为空
assertEquals(long expected, long actual)	检查 long 类型的值是否相等
assertEquals(double expected, double actual, double delta)	检查指定精度的 double 值是否相等
assertFalse(boolean condition)	检查条件是否为假
assertTrue(boolean condition)	检查条件是否为真
assertSame(Object expected, Object actual)	检查两个变量是否引用同一对象
assertNotSame(Object unexpected, Object actual)	检查两个变量是否不引用同一对象

除上述断言方法外，从 JUnit4 版本开始 JUnit 还引入了更强大的断言方法 assertThat。assertThat 断言不仅具有表 7-1 中方法的功能，还通过引入 Hamcrest 的 Matcher 匹配符来提供更加灵活的断言操作。同时，不同于 assert 断言所采用的“谓宾主”语法模式，assertThat 断言采用了“主谓宾”的语法模式，使测试代码语法更符合逻辑，有效提高了代码的可读性。assertThat 断言可以使用一般匹配符、字符串相关匹配符、数值相关匹配符以及 Collection 相关匹配符。下面对这些匹配

符分别进行介绍。

（1）一般匹配符

1）allOf 表示所有条件都成立测试才能通过，相当于“与”逻辑。例如对于下列语句，当 number 大于 8 且小于 16 时测试用例运行成功。

```
assertThat(number, allOf(greaterThan(8), lessThan(16)));
```

2）anyOf 表示任一条件成立测试就能通过，相当于“或”逻辑。例如对于下列语句，当 number 大于 16 或小于 8 时测试用例运行成功。

```
assertThat(number, anyOf(greaterThan(16), lessThan(8)));
```

3）anything 表示对于任一条件测试都能通过。示例如下：

```
assertThat(number, anything());
```

4）is 表示参数值相等时测试才能通过。例如对于下列语句，当 str 的值为“test”时测试用例运行成功。

```
assertThat(str, is("test"));
```

5）not 表示参数值不相等时测试才能通过。例如对于下列语句，当 str 的值不是“test”时测试用例运行成功。

```
assertThat(str, not("test"));
```

（2）字符串相关匹配符

1）containsString 表示参数包含给定字符串时测试才能通过。例如对于下列语句，当 str 包含字符串“test”时测试用例运行成功。

```
assertThat(str, containsString("test"));
```

2）endsWith 表示参数以给定字符串结尾时测试才能通过。例如对于下列语句，当 str 以字符串“test”结尾时测试用例运行成功。

```
assertThat(str, endsWith("test"));
```

3）startsWith 表示参数以给定字符串开始时测试才能通过。例如对于下列语句，当 str 以字符串“test”开始时测试用例运行成功。

```
assertThat(str, startsWith("test"));
```

4）equalTo 表示参数值相等时测试才能通过。需要注意的是，该匹配符不仅适用于字符串间的比较，也适用于数值、对象间的比较，相当于 Object 类的 equals 函数。例如对于下列语句，当 str 的值为“test”时测试用例运行成功。

```
assertThat(str, equalTo("test"));
```

5）equalToIgnoringCase 表示在忽略大小写的情况下，参数值相等时测试才能通过。例如对于下列语句，当 str 的值为“TEST”时测试用例也能通过。

```
assertThat(str, equalToIgnoringCase("test"));
```

6）equalToIgnoringWhiteSpace 表示在忽略字符串头尾的空格后，参数值相等时测试才能通过。需要注意的是，字符串中间的空格不能被忽略。例如对于下列语句，当 str 的值为“ test ”时测试用例也能通过。

```
assertThat(str, equalToIgnoringWhiteSpace("test"));
```

（3）数值相关匹配符

1）closeTo 表示浮点类型参数相差在一定范围内，测试就能通过。例如对于下列语句，若 num 的值在［19.5, 20.5］范围内，测试用例就能通过。

```
assertThat(num, closeTo(20.0, 0.5));
```

2）greaterThan 表示数值参数大于给定的数值，测试就能通过。例如对于下列语句，若 num 的值大于 16.0，测试用例就能通过。

```
assertThat(num, greaterThan(16.0));
```

3）lessThan 表示数值参数小于给定的数值，测试就能通过。例如对于下列语句，若 num 的值小于 8.0，测试用例就能通过。

```
assertThat(num, lessThan(8.0));
```

4）greaterThanOrEqualTo 表示数值参数大于或等于给定的数值，测试就能通过。例如对于下列语句，若 num 的值大于或等于 16.0，测试用例就能通过。

```
assertThat(num, greaterThanOrEqualTo(16.0));
```

5）lessThanOrEqualTo 表示数值参数小于或等于给定的数值，测试就能通过。例如对于下列语句，若 num 的值小于或等于 8.0，测试用例就能通过。

```
assertThat(num, lessThanOrEqualTo(8.0));
```

（4）Collection 相关匹配符

1）hasEntry 表示给定 Map 对象包含一组特定的 key 值和 value 值时测试才能通过。例如对于下列语句，若 map 对象包含键值对 <“x”,“y”>，测试用例运行通过。

```
assertThat(map, hasEntry("x", "y"));
```

2）hasItem 表示对象包含特定元素时测试就能通过。例如对于下列语句，若 obj 对象包含元素 element，测试用例运行通过。

```
assertThat(obj, hasItem(element));
```

3）hasKey 表示 Map 对象包含特定的 key 值时测试才能通过。例如对于下列语句，若 map 对象包含键值“x”，测试用例运行通过。

```
assertThat(map, hasKey("x"));
```

4）hasValue 表示 Map 对象包含特定的 value 值时测试才能通过。例如对于下列语句，若 map 对象包含值“y”，则测试用例运行通过。

```
assertThat(map, hasValue("y"));
```

除上述 assertThat 断言外，测试者还可以通过 Matcher 接口定制自己所需的匹配符，以减少代码重复，提高代码的可读性。

7.3.2　TestCase

TestCase 类是 JUnit 框架中的核心类，同样位于 junit.framework 包中。需要注意的是，TestCase 类继承自 Assert 类，因此可直接使用 Assert 类中的相关方法。在单元测试时，测试者编写的测试类均须直接或间接继承于 TestCase 类，依靠其提供的方法来实现测试用例的运行与判断。

需要注意的是，TestCase 类与测试用例的含义是不同的。测试用例通常是指单个测试，用以验证程序某个功能或某个单元模块的正确性。在 JUnit 框架中，测试用例一般指的是 @Test 所注解的测试方法。测试类继承自 TestCase，包含了多个测试用例。因此，可以理解为 TestCase 是为测试用例提供服务的类。

表 7-2 给出了 TestCase 类中的主要方法，这些方法定义了可运行多重测试的固定结构，有效提高了单元测试的自动化水平。

表 7-2 TestCase 的主要方法

方　法	描　述
int countTestCases()	为被 run (TestResult result) 运行的测试用例计数
TestResult createResult()	创建一个默认的 TestResult 对象
String getName()	获取 TestCase 的名称
TestResult run()	收集由 TestResult 对象产生的结果
void run(TestResult result)	在 TestResult 中运行测试用例并收集结果
void setName(String name)	设置 TestCase 的名称
void setUp()	创建固定设置，如打开一个网络连接
void tearDown()	拆除固定设置，如关闭一个网络连接
String toString()	返回测试用例的一个字符串表示

图 7-12 给出了一个关于 Triangle 程序的 TestCase 示例，该示例调用了 TestCase 类中的 setUp 方法和 tearDown 方法，用于在每个测试用例执行之前和之后进行初始化和释放相关环境。

s0	`package net.mooctest;`
s1	`import static org.junit.Assert.*;`
s2	`import org.junit.Test;`
s3	`import org.junit.Before;`
s4	`import org.junit.After;`
s5	`public class TriangleTest1 {`
s6	`    Triangle T1 = new Triangle(2, 3, 4);;`
s7	`    @Before`
s8	`    public void setUp() throws Exception {`
s9	`        System.out.println("Test start");`
s10	`}`
s11	`        @After`

图 7-12 一个 TestCase 类的简单示例

s12	public void tearDown() throws Exception {
s13	System.out.println("Test end");
s14	}
s15	@Test
s16	public void testIsTriangle() {
s17	assertEquals(true, T1.isTriangle(T1));
s18	}
s19	@Test
s20	public void testGetType() {
s21	assertEquals("Scalene", T1.getType(T1));
s22	}
s23	}

图 7-12 （续）

7.3.3　TestResult

TestResult 类收集并记录所有测试用例的运行结果。测试用例的运行结果可分为成功、失败、错误等三类：成功表示程序在运行时满足断言语句中的各项需求，失败表示程序在运行时不能满足断言语句中的各项需求，错误则是指程序在运行时发生了不可预料的问题。

表 7-3 给出 TestResult 类中的主要方法。在单元测试结束后，JUnit 会自动调用这些方法，以向测试者反馈各个测试用例的运行结果和日志信息，帮助测试者更有效地定位和修复错误。

表 7-3　TestResult 的主要方法

方　法	描　述
void addError(Test test, Throw t)	在错误列表中加入一个错误信息
void addFailure(Test test, AssertionFailedError t)	在失败列表中加入一个失败信息
void endTest(Test test)	显示测试被编译的结果
int errorCount()	获取被检测错误的数量
enum erationerrors()	返回相关错误的详细信息
int failureCount()	获取被检测出的失败数量
void run(TestCase test)	运行 TestCase
int intrunCount()	获得运行的测试数量
void startTest(Test test)	声明测试即将开始
void stop()	声明测试必须停止

图 7-13 给出了一个关于 Triangle 程序的 TestResult 示例，该示例通过 Result 类记录了测试类 TriangleTest 的执行结果，并输出失败测试执行的相关信息。

s0	package net.mooctest;
s1	import static org.junit.Assert.*;
s2	import org.junit.Test;
s3	import org.junit.runner.JUnitCore;
s4	import org.junit.runner.Result;
s5	import org.junit.runner.notification.Failure;
s6	public class TriangleTest2 {
s7	Triangle T1 = new Triangle(2, 3, 4);
s8	@Test
s9	public void testIsTriangle() {
s10	assertEquals(false, T1.isTriangle(T1));
s11	}
s12	@Test
s13	public void testGetType() {
s14	assertEquals("Illegal", T1.getType(T1));
s15	}
s16	public static void main(String[] args) {
s17	Result result = JUnitCore.runClasses(TriangleTest.class);
s18	for (Failure failure : result.getFailures()) {
s19	System.out.println(failure.toString());
s20	}
s21	System.out.println(result.wasSuccessful());
s22	}
s23	}

图 7-13　一个 TestResult 类的简单示例

7.3.4 TestSuite

与 TestCase 类相同，TestSuite 类也实现了 JUnit 中的 Test 接口，用于管理 JUnit 中的每一个测试用例。在单元测试过程中，即便没有显式构建 TestSuite 的子类，在运行 TestCase 子类时也会创建 TestSuite 类，并将每个 TestCase 子类的实例对象添加到 TestSuite 中运行。

表 7-4　TestSuite 的主要方法

方　法	描　述
void addTest(Test test)	在测试套件中添加测试
void addTestSuite(Class<?extends TestCase> testClass)	将已经给定的类中的测试加到测试套件之中
int countTestCases()	对这个测试即将运行的测试用例进行计数
string getName()	返回名称
void run(TestResult result)	在 TestResult 中运行测试用例并收集结果
void setName(String name)	设置名称
test testAt(int index)	在给定的目录中返回测试
int testCount()	返回测试套件中测试的数量
static Test warning(String message)	返回会失败的测试并且记录警告信息

TestSuite 类的主要方法如表 7-4 所示。结合图 7-12 和图 7-13中的代码，图 7-14 给出一个 TestSuite 类的简单示例，用于打包执行 TriangleTest1 和 TriangleTest2。

```
s0  package net.mooctest;
s1  import static org.junit.Assert.*;
s2  import org.junit.Test;
s3  import org.junit.runner.RunWith;
s4  import org.junit.runners.Suite;
s5  @RunWith(Suite.class)
s6  @Suite.SuiteClasses({TriangleTest1.class,TriangleTest2.class})
s7  public class TriangleSuiteTest {
s8  }
```

图 7-14　一个 TestSuite 类的简单示例

7.4　错误与异常处理

7.4.1　错误和异常

根据 7.3.3 节的介绍，JUnit 框架存在失败（Failure）和错误（Error）两种报错模式。失败由测试用例断言语句中的条件未能得到满足所引发，意味着程序运行状态或运行结果与预期不一致。错误则是由源程序或测试程序中的代码异常所引发，表示程序在测试用例运行时产生了意想不到的错误状态。

以 Calculate 程序为例，通过图 7-15 中的测试类 CalculateTest 来进一步说明错误和异常。CalculateTest 包含两个测试用例 testAdd 和 testDivide，分别用于测试 add 和 divide 方法。在 testAdd 中，add 方法返回的结果与预期不一致，因此程序运行失败。而在 testDivide 中，divide 方法发生了除零异常，由于 divide 未对除零异常进行处理，testDivide 也未检测异常错误，导致测试用例不能正常运行，发生错误。

s_0	package net.mooctest;
s_1	import static org.junit.Assert.*;
s_2	import org.junit.Test;
s_3	import com.mooctest.util.Calculate;
s_4	public class ErrorAndFailureTest{
s_5	@Test
s_6	public void testAdd(){
s_7	assertEquals(5, new Calculate().add(3, 3));
s_8	}
s_9	@Test
s_{10}	public void testDivide(){
s_{11}	assertEquals(1, new Calculate().divide(6, 0));
s_{12}	}
s_{13}	}

图 7-15　测试类 CalculateTest

7.4.2　异常处理

开发者在进行 Java 编程时会对程序中的异常进行处理。一般的，可以在发生异常的方法内添加 try/catch/finally 等处理语句，在方法内部解决异常；也可以使用 throw/throws 等语句交由方法上一层进行解决。因此，在单元测试时也应当考虑方法抛出异常的情况，对异常的处理也应当纳入单元测试框架中。JUnit 提供了多种异常处理机制，以帮助测试者验证需要进行异常处理的代码。

以图 7-16 中的方法 canVote 为例，来说明 JUnit 的异常处理机制。canVote 方法根据年龄判断人员是否具有投票资格，因此参数 age 应当大于 0。当 age 的值小于或等于 0 时，方法报出异常 IllegalArgumentException，提示参数存在错误。

s_0	`public boolean canVote(int age){`
s_1	`    if(i<=0) throw new IllegalArgumentException("age should be +ve");`
s_2	`    if(i<18)`
s_3	`        return false;`
s_4	`    else`
s_5	`        return true;`
s_6	`}`

图 7-16　方法 canVote

（1）@Test (expected)

@Test 注解中的参数 expected 允许测试者设置 Throwable 的子类，用于检测待测方法是否正确抛出异常。如针对方法 canVote，可以用图 7-17 的代码进行异常检测。该方法配置比较简单，易于使用。然而，该方法不能直接表明异常的发生位置，测试者需做进一步定位。

s_0	`@Test(expected=IllegalArgumentException.class)`
s_1	`public void testCanVote1() {`
s_2	`    Student student = new Student();`
s_3	`    student.canVote(0);`
s_4	`}`

图 7-17　@Test (expected) 示例

（2）ExpectedException

JUnit 中的 ExpectedException 可以更精确地定位异常发生的位置。在应用 ExpectedException 类前，需要用 @Rule 注解声明 ExpectedException 异常。然后，在异常发生位置前调用 expect 方法检测异常。此外，还可使用 ExpectedException 中的 expectMessage 方法设置异常属性信息。

图 7-18 给出了 ExpectedException 的应用示例，当运行语句 s_7 时测试用例会检测到异常，同时输出异常信息“ age should be +ve”。由此，测试者可以很快地定位到异常抛出位置。

s_0	@Rule
s_1	public ExpectedException thrown = ExpectedException.none();
s_2	@Test
s_3	public void testCanVote2() {
s_4	Student student = new Student();
s_5	thrown.expect(IllegalArgumentException.class);
s_6	thrown.expectMessage("age should be +ve");
s_7	student.canVote(0);
s_8	}

图 7-18 ExpectedException 示例

（3）try/catch/fail

在 JUnit4 版本前，JUnit 采用 try/catch/fail 方法进行异常检测。测试者在 try 模块写入抛出异常的方法调用，在 catch 模块加入 assertThat 断言判断异常抛出类型和信息是否符合预期要求，在 fail 模块加入检测提示信息。图 7-19 给出了 try/catch/fail 的应用示例。针对 canVote 方法中异常类型和提示信息，在 try 模块和 catch 模块分别添加 canVote 调用和异常类型、信息的检测，并在 fail 模块给出异常检测信息。

s_0	@Test
s_1	public void testCanVote3() {
s_2	Student student = new Student();
s_3	try{
s_4	student.canVote(0);
s_5	} catch(IllegalArgumentException ex) {
s_6	assertThat(ex.getMessage(), containsString("age should be + ve"));
s_7	}
s_8	fail("expected IllegalArgumentException for non +ve age");
s_9	}

图 7-19 try/catch/fail 示例

7.5 批量测试

7.5.1 参数化测试

方法在不同输入下表现不同，输出结果也不尽相同。因此，为了开展更全面的测试，应当针对待测方法，设计不同的参数值和预期结果进行测试。JUnit4 引入的参数化测试功能可以满足上述需求。参数化测试功能允许测试者一次性输入多个参数及对应预期输出，对待测方法进行更加全面的测试。参数化测试的主要步骤如下：

1）应用注解 @RunWith (Parameterized.class) 对测试类进行注释。

2）创建一个由 @Parameters 注释的公共的静态方法，该方法返回一个对象集合（数组）作为测试数据集合。

3）创建一个公共的构造函数，用于接收参数输入和预期输出。

4）为每一个测试数据创建一个实例变量。

5）基于实例变量构建测试用例。

下面以图 7-20 中 Fibonacci 类为例说明 JUnit 的参数化测试功能。Fibonacci 类的 compute 方法采用了 switch/case 语句结构，包含了多组分支，因此需要多组输入进行测试。此时，应用 JUnit 的参数化测试方法可以更方便地进行测试。图 7-21 给出一个 Fibonacci 的测试类示例 FibonacciTest，该测试类针对 compute 方法的每一个分支，分别设计了输入和对应的预期输出。测试类运行时会根据 data 方法的返回数据不断调用 testCompute 方法，判断实际输出结果是否符合预期。所有参数输入后，测试结束。测试类 FibonacciTest 运行结果如图 7-22 所示。

s_0	`package net.mooctest;`
s_1	`public class Fibonacci{`
s_2	`    public static int compute(int input){`
s_3	`        int result;`
s_4	`        switch(input){`
s_5	`            case 0:`
s_6	`                result = 0;`
s_7	`                break;`
s_8	`            case 1:`
s_9	`            case 2:`

图 7-20　类 Fibonacci

s_{10}	result = 1;
s_{11}	break;
s_{12}	case 3:
s_{13}	result = 2;
s_{14}	break;
s_{15}	case 4:
s_{16}	result = 3;
s_{17}	break;
s_{18}	case 5:
s_{19}	result = 5;
s_{20}	break;
s_{21}	case 6:
s_{22}	result = 8;
s_{23}	break;
s_{24}	default:
s_{25}	result = 0;
s_{26}	}
s_{27}	return result;
s_{28}	}
s_{29}	}

图 7-20 （续）

s_0	package net.mooctest;
s_1	import static org.junit.Assert.*;
s_2	import java.util.Arrays;
s_3	import org.junit.Test;
s_4	import org.junit.runner.RunWith;
s_5	import org.junit.runners.Parameterized;
s_6	import org.junit.runners.Parameterized.Parameters;
s_7	@RunWith(Parameterized.class)
s_8	public class FibonacciTest{
s_9	@Parameters(name = "{index}:fib({0})={1}")
s_{10}	public static Iterable<Object[]> data(){
s_{11}	return Arrays.asList(new Object[][]{{0,0},{1,1},{2,1},
s_{12}	{3,2},{4,3},{5,5},{6,8}});
s_{13}	}
s_{14}	private int input;

图 7-21 测试类 FibonacciTest

s_{15}	private int expected;
s_{16}	public FibonacciTest(int input, int expected){
s_{17}	this.input = input;
s_{18}	this.expected = expected;
s_{19}	}
s_{20}	@Test
s_{21}	public void testCompute(){
s_{22}	assertEquals(expected, Fibonacci.compute(input));
s_{23}	}
s_{24}	}

图 7-21（续）

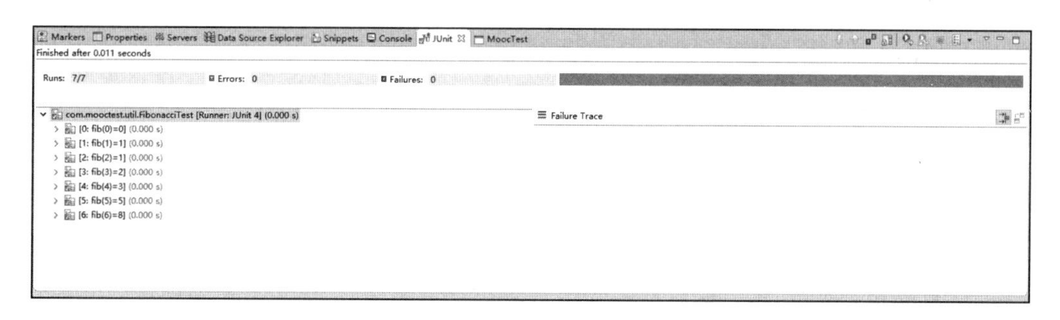

图 7-22　测试类 FibonacciTest 运行结果

7.5.2　打包测试

参数化测试常用于对待测类中的某个方法进行批量化测试。然而，一次测试单个方法或单个类效率过低。如果需要一次性测试多个类，可以使用 JUnit 提供的打包测试功能。打包测试的主要步骤如下：

1）应用 @RunWith (Suite.class) 对测试类进行注解。

2）应用 @SuiteClasses (test_classes) 对测试类进行注解，其中 test_classes 表示所有的测试类。

例如，图 7-23 中的测试类 SuiteTest 打包了 CalculateTest、FibonacciTest、Junit-ThreadTest 等多个测试类，因此可以一次性完成上述 3 个类的测试。

s_0	`import static org.junit.Assert.*;`
s_1	`import org.junit.AfterClass;`
s_2	`import org.junit.Test;`
s_3	`import org.junit.runner.RunWith;`
s_4	`import org.junit.runners.Suite;`
s_5	`import org.junit.runners.Suite.SuiteClasses;`
s_6	`@RunWith(Suite.class)`
s_7	`@SuiteClasses({CalculateTest.class,`
s_8	`FibonacciTest.class,JunitThreadTest.class)`
s_9	`public class SuiteTest{`
s_{10}	`}`

图 7-23　测试类 SuiteTest

7.6　小结

本章介绍了 Java 单元测试框架 JUnit，主要包括注解、测试类与测试方法、错误与异常处理、批量测试等部分。工欲善其事，必先利其器，JUnit 就是开展 Java 单元测试的一把利器。通过 JUnit 提供的注解及其基础类库，测试人员可以方便地完成测试状态初始化、被测方法调用、测试结果验证、资源释放等操作。同时，JUnit 提供的批量测试功能可以整合多个单元测试文件，从而有效提高单元测试的效率。

练习 7

一、单项选择题

1. 创建一个基于 JUnit 的单元测试类，该类必须扩展（　　）。

A. TestSuite　　B. Assert　　C. TestCase　　D. JFCTestCase

2. 用 JUnit 断言测试方法输出指定字符串，应当使用的断言方法是（　　）。

A. assertNotNull()　　B. assertSame()　　C. assertEquals()　　D. assertNotEquals()

3. TestCase 是 junit.framework 中的一个（　　）。

A. 方法　　B. 接口　　C. 类　　D. 抽象类

4.TestSuite 是 JUnit 中用来（　　）。

A. 集成多个测试用例　　B. 做系统测试用的

C. 做自动化测试用的　　D. 方法断言

5. 对于测试程序的命名规则，以下说法正确的是（　　）。

A. 测试类的命名只要符合 Java 类的命名规则就可以了

B. 测试类的命名一般要求 Test 开头，后接类名称，如 TestTriangle

C. 测试类的命名一般要求 Test 结尾，前接类名称，如 TriangleTest

D. 测试类中的方法都是以 test××× 的形式出现

6. 通常初始化一个被测试对象，会在测试类中的（　　）进行。

A. tearDown()　　B. setUp()　　C. 构造方法　　D. 任意位置

7. 关于 JUnit 的特征，不正确的是（　　）。

A. 使用断言判断结果是否符合预期　　B. 用于共享共同测试数据的测试工具

C. 可以与 Maven、Ant 结合　　D. JUnit 是收费的，不能进行二次开发

二、分析设计题

1. 请运用所学知识，对下面的代码进行测试，以达到尽可能高的分支覆盖率。

```
public class Example{
    int a;
    int b;
    int ans;

    public Example(int m, int n){
        a = m;
        b = n;
    }
        public int Function_A(int x,int y){
        if(x < 6 && y > 0) {
            ans = x + a;
        }
        else{
            ans = x - a;
        }
        return ans;
    }
    public int Function_B(int x){
        if(x < 6)
            ans =  x * a;
        else
            ans =  x / b;
        return ans;
    }
}
```

2. 请登录慕测平台，运用第 7 章所学知识对 Nextday 题目进行测试。

第 8 章
Chapter 8

JUnit 深入应用

8.1 匹配器

在评价两个对象是否匹配时，传统 JUnit 测试代码通常要添加大量断言语句进行判断。自 JUnit4 开始，JUnit 增加了匹配器功能，通过 assertThat 断言和 Matcher 匹配符帮助测试者更快地判断两个对象是否匹配，可以有效提高测试代码的开发效率。

与传统的 assert 断言相比，assertThat 断言功能更加强大。例如，assertThat 断言可以匹配两个对象的部分字段，而不必匹配两个对象的所有字段。此外，assertThat 断言使用“声明断言”方式，代码可读性更高。图 8-1 给出一个 assert 断言示例，该断言判断 expected 和 actual 两个对象是否相等。图 8-2 给出该功能的匹配器方法。可以看到，由于 assertThat 断言应用了“声明断言”，测试者和读者应该更容易了解该断言的功能。

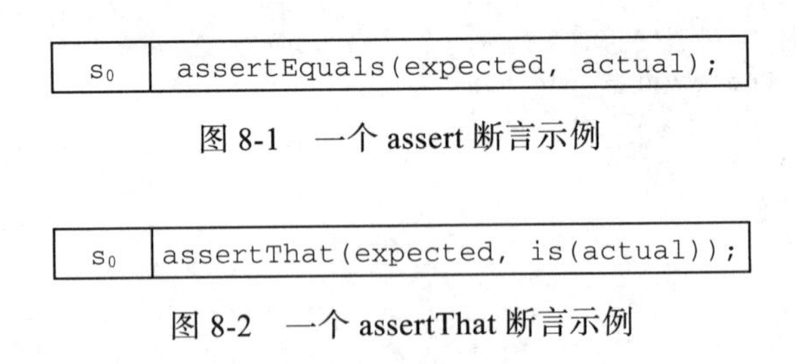
s0
assertEquals(expected, actual);
s0
assertThat(expected, is(actual));

图 8-1　一个 assert 断言示例

图 8-2　一个 assertThat 断言示例

图 8-2 中的 is 方法用于判断两个对象是否相等，该功能由 Hamcrest 提供。此外，Hamcrest 还提供了许多有用的匹配器，如用于分析 Collection 对象的 hasItme、 hasKey、hasValue 等方法；用于分析数值对象的 closeTo、greaterThan、lessThan 等方法；用于分析一般对象的 nullValue、sameInstance 方法。上述功能在 7.3.1 节中均给出了详细的介绍。此外，Hamcrest 还提供了可满足多个条件的 both/and 功能，用于判断多个对象是否满足匹配条件。例如，图 8-3 给出一个 assertThat 断言示例，该示例通过两条 assertThat 断言判断“Hello”对象是否同时包含“Hello”和“World”两个对象。然而，如图 8-4 所示，应用 both/and 后只须一条 assertThat 断言即可完成上述功能。

s_0	assertThat("Hello", containsString("Hello"));
s_1	assertThat("Hello", containsString("World"));

图 8-3　一个 assertThat 断言示例

s_0	assertThat("Hello", both(containsString("Hello")).and(containsString("World")));

图 8-4　一个 both/and 示例

除已经提供的匹配器外，测试者还可通过 Hamcrest 提供的拓展功能自定义匹配器。在自定义匹配器时，用户需要实现 BaseMatcher<T> 接口或继承其子类。图 8-5 给出一个自定义匹配器示例 IsNotANumber 类，该匹配器用于判断输入值是否是 NaN 值。对于该匹配器的实现，可通过继承 BaseMatcher<T> 的子类 TypeSafeMatcher 来实现。此时，只需重载 TypeSafeMatcher 中的 matchesSafely 方法，在其中检查变量是否为 NaN 即可。同时，还需实现 describeTo 方法，用于提供测试失败时的描述信息。

s_0	public class IsNotANumber extends TypeSafeMatcher<Double> {
s_1	@Override
s_2	public boolean matchesSafely(Double number) {
s_3	return number.isNaN();
s_4	}
s_5	public void describeTo(Description description) {
s_6	description.appendText("not a number");

图 8-5　一个自定义匹配器示例 IsNotANumber

s_7	`    }`
s_8	`    @Factory`
s_9	`    public static Matcher notANumber() {`
s_{10}	`        return new IsNotANumber();`
s_{11}	`    }`
s_{12}	`}`

图 8-5 （续）

8.2 JUnit 测试进阶

8.2.1 Controller 测试

对于包含 Controller、Service、Dao 三层架构的软件来说，单元测试主要针对的是 Service 层和 Dao 层。对于 Controller 层，则主要是采用接口测试。然而，对于 Controller 层进行接口测试通常需要耗费大量的变异部署时间，效率比较低，因此也出现针对 Controller 层的单元测试。目前，许多流行的编程框架（如 Spring MVC）已经提供了相应的测试类对 Controller 层的单元测试进行支持。

下面以 Spring MVC 为例，说明对 Controller 层进行单元测试的详细步骤：

1）创建普通类文件。

2）引入 Spring 单元测试注解。

图 8-6 给出一个 Spring 单元测试注解示例。其中，@WebAppConfiguration 注解表示调用 Web 相关组件，若缺失则无法调用 Web 相关特性；@ContextConfiguration 注解表示加载 Spring 所有配置文件，在某些项目中 Spring 的 xml 配置可能是分离的。

3）Web 环境初始化。

Controller 单元测试需要模拟服务器运行，因此需要在测试类中初始化 Web 环境。例如在图 8-7 中，MooctestController 是待测 Controller，MockMvc 是 SpringMVC 提供的 Controller 测试类。在单元测试时，需要预先运行 @Before 注解的 setup 方法，初始化 MooctestController 单元测试环境。

s_0	// 调用 Spring 单元测试类
s_1	@RunWith(SpringJUnit4ClassRunner.class)
s_2	// 调用 Web 组件 （如自动注入 ServletContextBean）
s_3	@WebAppConfiguration
s_4	// 加载 Spring 配置文件
s_5	@ContextConfiguration(locations={"classpath:spring-context.xml", "classpath: spring-mvc.xml"})
s_6	// 测试代码类
s_7	public class HealthArticleControllerTest{...}

图 8-6　一个 Spring 单元测试注解示例

s_0	@Autowired
s_1	MooctestController mooctestController;
s_2	@Autowired
s_3	ServletContext context;
s_4	MockMvc mockMvc;
s_5	@Before
s_6	public void setup(){
s_7	mockMvc=MockMvcBuilders.standaloneSetup(mooctestController).build();
s_8	}

图 8-7　一个 Web 环境初始化示例

4）编写单元测试用例。

前期工作准备好后即可开始编写单元测试方法。图 8-8 给出一个 Controller 单元测试示例。其中，ResultActions 用来模拟客户端浏览器发送的 FORM 表单请求，post 用于请求地址，accept 请求的内容是 param 请求的键值对，若有多个参数可调用多个 param，MvcResult 用于获取服务器的 Response 内容。上述示例演示了一个完整的 Controller 单元测试流程。

8.2.2　Stup 测试

一个应用程序通常由多个类文件组成，各个类之间彼此存在着继承、实现、关联、依赖等关系，共同为用户提供服务。应用中单个类文件通常并不能看作一

s_0	@Test
s_1	public void MooctestTest() {
s_2	String postJson = mooctestController.search();
s_3	ResultActions resultActions = this.mockMvc.perform(
s_4	MockMvcRequestBuilders.post("mooctest/getList") .accept(MediaType.APPLICATION_JSON).param("Json",postJson));
s_5	MvcResultmvcResult = resultActions.andReturn();
s_6	Stringresult = mvcResult.getResponse().getContentAsString();
s_7	System.out.println("Response:" + result);
s_8	}

图 8-8　一个 Controller 单元测试示例

个单独的个体，它可能被某个类使用，也可能使用其他类。因此，要想对应用开展充分的测试，应当充分考虑每个类的上下文环境。然而，在应用开发时其所依赖的功能和模块并不总是完整的。例如，应用程序需要通过 HTTP 链接获取第三方服务器或数据库提供的服务，但在开发初期尚不存在可用的服务器或数据库，此时需要相应的功能模拟。又如，某个开发者所负责模块的功能部分依赖于其他开发者尚未完成的模块，在测试时也需要模拟这些模块的功能。对于上述情形，开发者需要通过 Stup 测试来保证测试的有效性。

Stup 是程序代码的一部分，当被测单元依赖的功能或模块不可用、不存在时，可通过 Stup 来模拟依赖单元，忽略调用代码的真实实现，允许测试者独立测试应用的某个部分，以帮助测试者开展更快、更有效的单元测试和集成测试。

图 8-9 给出一个示例程序 WebClient，该程序的 getContent 方法以 URL 作为输入，通过 HTTP 链接读取 Web 服务器数据，并将读取结果返回。为了对 WebClient 进行单元测试，需要在开发平台上搭建服务器。例如，可安装一个 Apache 测试服务器，并在文档根目录下存放 Web 页面，供 WebClient 进行访问。该方法配置比较容易，但还是存在以下不足：一方面，WebClient 依赖于测试服务器，因而在测试前须确保 Web 服务器正常启动；另一方面，测试程序（JUnit 测试用例）与测试资源（Web 页面）比较分散，两者需要同步。此外，该测试过程难以自动化，需要 Web 服务器启动与 Web 页面配置同时实现自动化。

s_0	public class WebClient {
s_1	public String getContent(URL url) {
s_2	StringBuffer content = new StringBuffer();
s_3	try {
s_4	HttpURLConnection connection = (HttpURLConnection) url.openConnection();
s_5	connection.setDoInput(true);
s_6	InputStream is = connection.getInputStream();
s_7	byte[] buffer = new byte[2048];
s_8	StringBuffer content = new StringBuffer();
s_9	int count;
s_{10}	while (-1 != (count = is.read(buffer))) {
s_{11}	content.append(new String(buffer, 0, count));
s_{12}	}
s_{13}	} catch (IOException e) {
s_{14}	return null;
s_{15}	}
s_{16}	return content.toString();
s_{17}	}
s_{18}	}

图 8-9 一个示例程序 WebClient

为了实现对程序中的每个独立模块进行测试，可以通过自定义来实现模块所需的各种资源。例如，getContent 方法需要 URL 建立与服务器资源的链接来获取数据。其中，URL 的定义以及链接的建立通过 JDK 提供的 URL 类和 HttpURLConnection 类来实现。因此，测试者可自行实例化这两个类来满足单元测试所需的资源需求。

如前所述，测试者须自定义 HttpURLConnection 类。在 JDK 中，当 URL 类中的方法 openConnection 被调用时，URLStreamHandlerFactory 类也会被调用，并返回一个 URLStreamHandler 对象，用于 WebClient 与服务器数据传递。因此，在自定义 HttpURLConnection 类的同时，还须自定义 URLStreamHandlerFactory 类及其所依赖的 URLStreamHandler 类。图 8-10和图 8-11 分别给出 WebClient 的测试类 WebClientTest 和自定义 HttpURLConnection 后的 StubHttpURLConnection 类。在测试 getContent 方法前，WebClientTest 首先通过 setUp 方法设置自定义的

URLStreamHandlerFactory 类——StubStreamHandlerFactory。随后，WebClient 在调用方法 getContent 时即可调用自定义的 StubHttpURLConnection 类，返回测试者自定义的测试资源。

s_0	public class WebClientTest extends TestSetup {
s_1	public WebClientTest(Test test) {
s_2	super(test);
s_3	}
s_4	protected void setUp(){
s_5	URL.setURLStreamHandlerFactory(new StubStreamHandlerFactory());
s_6	}
s_7	private class StubStreamHandlerFactory implements URLStreamHandlerFactory {
s_8	public URLStreamHandler createURLStreamHandler(String protocol) {
s_9	return new StubHttpStreamHandler();
s_{10}	}
s_{11}	}
s_{12}	private class StubHttpStreamHandler extends URLStreamHandler {
s_{13}	protected URLConnection openConnection(URL url) throws IOException {
s_{14}	return new StubHttpURLConnection(url);
s_{15}	}
s_{16}	}
s_{17}	public void testGetContent() throws Exception {
s_{18}	WebClient client = new WebClient();
s_{19}	String result = client.getContent(new URL("http://mooctest.net/test/"));
s_{20}	assertEquals("mooctest", result);
s_{21}	}
s_{22}	}

图 8-10 测试类 WebClientTest

s_0	public class StubHttpURLConnection extends HttpURLConnection {
s_1	protected StubHttpURLConnection(URL url) {
s_2	super(url);
s_3	}
s_4	public InputStream getInputStream(byte[] input) throws IOException {
s_5	if (input.length == 0) {
s_6	throw new ProtocolException("Cannot read from URL Connection"+"if do Input=false(call setDoInput(true))");

图 8-11 类 StubHttpURLConnection

s_7	}
s_8	ByteArrayInputStream bais = new ByteArrayInputStream(input);
s_9	return bais;
s_{10}	}
s_{11}	public void disconnect() {
s_{12}	}
s_{13}	public void connect() throws IOException {
s_{14}	}
s_{15}	public boolean usingProxy() {
s_{16}	return false;
s_{17}	}
s_{18}	}

图 8-11 （续）

8.2.3 Mock 测试

如前节所述，Stup 测试是一种行之有效的粗粒度测试方法，它可在依赖资源尚不可用的情况下支持完成模块的独立测试。然而，Stup 测试要求 Stup 模块完成依赖资源的基本逻辑，使用比较复杂且难以维护。对此，测试者还可使用 Mock 测试方法来完成模块的独立测试。

与 Stup 测试类似，Mock 测试在对程序模块进行测试时，通过替换与待测方法协作的对象，来实现待测代码与其他代码的隔离。不同的是，Mock 只为测试提供服务，因此替换模块并不需要实现任何程序逻辑，只提供一个用于模仿被替换方法行为的空壳。

下面以类 Account、Manager 和 Service 为例说明 Mock 测试方法（如图 8-12 ～图 8-14 所示）。其中 Account 表示账户，Manager 负责将数据持久化到数据库，Service 提供账户相关服务（其 transfer 方法负责转账功能）。由于 Service 类涉及了账目金额的相关管理，因此需要为其建立一个数据库并预先加入测试数据。在上线运行时，对 Service 进行测试是十分方便的。然而在单元测试时，为其单独建立一个数据库、设计测试数据便显得比较复杂。对此，可使用 Mock 对象来模拟所需的功能和数据，提高单元测试效率。

s_0	`package net.mooctest;`
s_1	`public class Account {`
s_2	`    private String accountId;`
s_3	`    private long balance;`
s_4	`    public Account(String accountId, long initialBalance) {`
s_5	`        this.accountId = accountId;`
s_6	`        this.balance = initialBalance;`
s_7	`    }`
s_8	`    public void debit(long amount) {`
s_9	`        this.balance -= amount;`
s_{10}	`    }`
s_{11}	`    public void credit(long amount) {`
s_{12}	`        this.balance += amount;`
s_{13}	`    }`
s_{14}	`    public long getBalance() {`
s_{15}	`        return this.balance;`
s_{16}	`}    }`

图 8-12　类 Account

s_0	`package net.mooctest;`
s_1	`public interface Manager {`
s_2	`    Account findAccountForUser(String userId);`
s_3	`    void updateAccount(Account account);`
s_4	`}`

图 8-13　类 Manager

以 Service 的 transfer 方法为例，该方法实现了转款人 sender 对收款人 beneficiary 的转账功能，具体转账操作则是通过 Manager 完成：首先，根据转款人和收款人的 ID 获取他们的账户；其次，根据转款金额对转款人的账户金额运行自减操作，对收款人的账户金额运行自增操作；最后，更新转款人和收款人的数据库信息，从而实现转账操作。可以看到，负责与数据库交互的 Manager 类是整个程序的关键。

对 transfer 方法进行测试时，一方面需要实现 Manager 接口，为 Service 提供服务；另一方面，在实现 Manager 接口的同时也需要构建数据库，并与数据库建立连接。然而，为了测试 transfer 方法而实现 Manager 接口、构建数据库是十分复杂的。对此，可通过 Mock 测试来模拟 Manager 的功能，只须满足 transfer 所需的功能即可。此外，通过 Mock 还可实现 transfer 与 Manager 的隔离，使测试者更关注于 transfer 中的缺陷。

s_0	package net.mooctest;
s_1	public class Service {
s_2	private Manager accountManager;
s_3	public void setAccountManager(Manager manager) {
s_4	this.accountManager = manager;
s_5	}
s_6	public void transfer(String senderId, String beneficiaryId, long amount) {
s_7	Account sender = this.accountManager. findAccountForUser(senderId);
s_8	Account beneficiary = this.accountManager. findAccountForUser(beneficiaryId);
s_9	sender.debit(amount);
s_{10}	beneficiary.credit(amount);
s_{11}	this.accountManager.updateAccount(sender);
s_{12}	this.accountManager.updateAccount(beneficiary);
s_{13}	}
s_{14}	}

图 8-14　类 Service

图 8-15和图 8-16 分别给出了测试类 MockManager 和 ServiceTest。其中，MockManager 并未真正与数据库建立连接，而是实现了 Service 所需的功能（包括 addAccount、findAccountForUser、updateAccount 等功能），也因而实现 Manager 与 Service 的隔离。

s_0	package net.mooctest;
s_1	import java.util.Hashtable;
s_2	public class MockManager implements Manager {
s_3	private Hashtable accounts = new Hashtable();
s_4	public void addAccount(String userId, Account account) {
s_5	this.accounts.put(userId, account);

图 8-15　测试类 MockManager

s_6	}
s_7	public Account findAccountForUser(String userId) {
s_8	return (Account) this.accounts.get(userId);
s_9	}
s_{10}	public void updateAccount(Account account) {
s_{11}	}
s_{12}	}

图 8-15 （续）

s_0	package net.mooctest;
s_1	import static org.junit.Assert.*;
s_2	import org.junit.Test;
s_3	import junit.framework.TestCase;
s_4	public class ServiceTest {
s_5	@Test
s_6	public void testTransfer() {
s_7	MockManager mockAccountManager = new MockManager();
s_8	Account senderAccount = new Account("1", 200);
s_9	Account beneficiaryAccount = new Account("2", 100);
s_{10}	mockAccountManager.addAccount("1", senderAccount);
s_{11}	mockAccountManager.addAccount("2", beneficiaryAccount);
s_{12}	Service accountService = new Service();
s_{13}	accountService.setAccountManager(mockAccountManager);
s_{14}	accountService.transfer("1", "2", 50);
s_{15}	assertEquals(150, senderAccount.getBalance());
s_{16}	assertEquals(150, beneficiaryAccount.getBalance());
s_{17}	}
s_{18}	}

图 8-16 测试类 ServiceTest

8.2.4 Private 测试

在单元测试中，由于私有方法（Private Method）无法被直接调用，因此对私有方法进行测试成为一项难题。一个可行的办法是：在测试时将私有方法改变为公有方法（Public Method），在测试完成后再将其修改为私有方法。然而，该方法操作过程比较复杂，不利于自动化测试的开展。因此，针对私有方法的测试多采用间接调用或利用反射机制进行。

以图 8-17 三角形程序 Triangle 为例，说明 JUnit 对私有方法的测试方法。在 Triangle 中，diffOfBorders 方法用于判断两条边的长度差异，为程序判断给定三条边是否满足“两条边之差小于第三条边”提供服务。因此，diffOfBorders 方法是一个私有方法。若直接调用 diffOfBorders 进行测试（如图 8-18 所示），就会报 not visible 错误。对此，可采用间接调用对 diffOfBorders 进行测试。

s_1	package net.mooctest;
s_2	public class Triangle {
s_3	protected long lborderA = 0;
s_4	protected long lborderB = 0;
s_5	protected long lborderC = 0;
s_6	public Triangle(long lborderA, long lborderB, long lborderC) {
s_7	this.lborderA = lborderA;
s_8	this.lborderB = lborderB;
s_9	this.lborderC = lborderC;
s_{10}	}
s_{11}	public boolean isTriangle(Triangle triangle) {
s_{12}	boolean isTriangle = false;

s_{13}	if ((triangle.lborderA > 0 && triangle.lborderA <= Long.MAX_VALUE)
	&& (triangle.lborderB > 0 && triangle.lborderB <= Long.MAX_VALUE)
	&& (triangle.lborderC > 0 && triangle.lborderC <= Long.MAX_VALUE)) {

s_{14}	if (diffOfBorders(triangle.lborderA,triangle.lborderB)<triangle.
	lborderC
	&&diffOfBorders(triangle.lborderC,triangle.lborderA)<triangle.
	lborderB){

s_{15}	isTriangle = true;
s_{16}	}
s_{17}	}
s_{18}	return isTriangle;
s_{19}	}
s_{20}	private long diffOfBorders(long a, long b) {
s_{21}	if(a>b) {
s_{22}	return a-b;
s_{23}	} else {
s_{24}	return b-a;
s_{25}	}
s_{26}	}
s_{27}	}

图 8-17 一个三角形示例程序 Triangle

s_1	@Test
s_2	public void testDiffOfBorders() {
s_3	assertEquals(1, t1.diffOfBorders(2, 3));
s_4	assertEquals(0, t2.diffOfBorders(2, 2));
s_5	assertEquals(0, t2.diffOfBorders(3, 2));
s_6	}

图 8-18 测试用例 testDiffOfBorders

如前所述，diffOfBorders 为判断三条边是否满足三角形条件服务，被 isTriangle 方法调用。因此，可通过测试 isTriangle 来间接测试 diffOfBorders。图 8-19 给出一个间接调用示例。对 isTriangle 进行调用时，分别以 <4, 3>、<3, 4>、<4, 4> 作为输入来调用 diffOfBorders，基本满足了 diffOfBorders 各种逻辑覆盖和路径覆盖需求。

s_1	package net.mooctest;
s_2	import static org.junit.Assert.*;
s_3	import org.junit.Test;
s_4	public class TriangleTest {
s_5	Triangle t1 = new Triangle(4, 3, 4);
s_6	@Test
s_7	public void testIsTriangle() {
s_8	assertEquals(true, t1.isTriangle(t1));
s_9	}
s_{10}	}

图 8-19 测试类 TriangleTest（间接调用）

除间接调用方法外，还可利用 Java 反射机制实现对私有方法的单元测试。通过反射，研发人员可以在程序运行时获取加载类中所有访问属性（包括 public、private、protected 等）的成员方法和成员变量。图 8-20 给出一个应用 Java 反射机制的私有方法测试用例 testdiffOfBorders。通过方法名和参数信息获取 testdiffOfBorders 方法后，可将其设置为可访问权限。此时，便可通过 method 提供的 invoke 方法调用 testdiffOfBorders 的功能，实现对 testdiffOfBorders 的单元测试。

s_1	@Test
s_2	public void testdiffOfBorders() {
s_3	Class<Triangle> triangleClass = Triangle.class;
s_4	Object instance = triangleClass.newInstance();
s_5	Method method = triangleClass.getDeclaredMethod("diffOfBorders", new Class[] {long.class, long.class});
s_6	method.setAccessible(true);
s_7	Object result = method.invoke(instance, new Object[] {1, 2});
s_8	assertEquals(1, result);
s_9	}

图 8-20　测试用例（反射机制）

8.3　JUnit 集成

除 Eclipse 外，JUnit 还可与其他工具（如 Ant、Maven 等）进行集成，为这些工具增加单元测试功能，提高软件测试整体效率和自动化水平。下面以 Ant 和 Maven 为例，说明 JUnit 与它们的集成方法。

8.3.1　JUnit-Ant 集成

Ant 是 Apache 软件基金会 JAKARTA 目录中的一个子项目，与面向 C/C++ 语言的 make 工具功能相似，Ant 是一款面向 Java 语言的程序打包工具。当程序规模变得越来越大时，如何对其进行有效管理成为一项难题。而通过 Ant，研发人员可以自动化完成项目的编译、打包、运行等工作，避免研发人员为这些重复性工作花费过多时间。

在 JUnit-Ant 集成前，须预先对 Ant 进行系统配置：

1）下载 Ant。登录官网 http://ant.apache.org/bindownload.cgi，下载 Ant 的最新版本至本地。

2）配置环境变量。将下载结果解压到某路径下（如 C:\apache-ant-1.8.2），然后在系统中追加环境变量 ANT_HOME，值为“C:\apache-ant-1.8.2”。同时，在系统环境变量 Path 中添加路径“C:\apache-ant-1.8.2\bin”。

3）配置结果验证。打开命令提示符并输入“ ant -version”，若命令提示符显示 Ant 的版本信息（见图 8-21）则表明 Ant 配置成功。

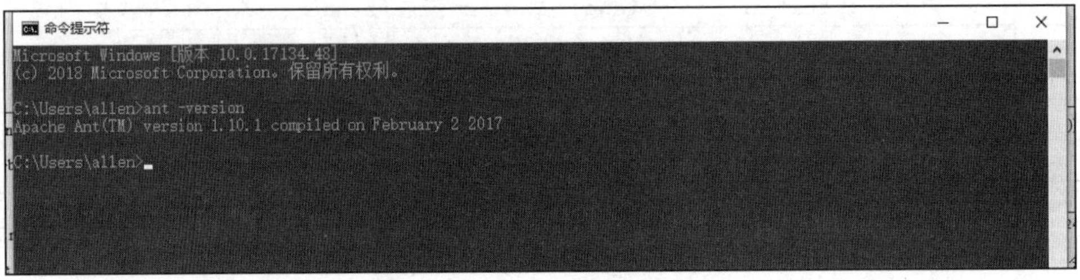

```
命令提示符
Microsoft Windows [版本 10.0.17134.48]
(c) 2018 Microsoft Corporation。保留所有权利。

C:\Users\allen>ant -version
Apache Ant(TM) version 1.10.1 compiled on February 2 2017

C:\Users\allen>
```

图 8-21 Ant 配置成功验证信息

Ant 配置完成后，便可创建 build.xml 文件来编译、打包、测试源程序。图 8-22 给出一个结合 JUnit 单元测试的 build.xml 文件示例，该示例完成了编译、打包、测试等多项任务 target。具体任务说明如下：

S_0	<?xml version="1.0" encoding="Shift_JIS"?>
S_1	<project name="myproject" default="runtests" basedir=".">
S_2	<property name="src.dir" value="src"/>
S_3	<property name="build.dir" value="classes"/>
S_4	<property name="build.apidocs" value="${build.dir}/doc"/>
S_5	<property name="testSrc.dir" value="test"/>
S_6	<property name="reports.dir" value="./doc/report"/>
S_7	<property name="correctreports.dir" value="${reports.dir}/html"/>
S_8	<target name="JUNIT">
S_9	<available property="junit.present" classname="junit.framework.TestCase"/>
S_{10}	</target>
S_{11}	<target name="compile" depends="JUNIT">
S_{12}	<mkdir dir="${build.dir}"/>
S_{13}	<depend srcdir="${src.dir}" destdir="${build.classes}"/>
S_{14}	<javac srcdir="${src.dir}" destdir="${build.classes}">
S_{15}	<classpath>
S_{16}	<pathelement path="${build.classes}"/>
S_{17}	<pathelement path="${java.class.path}/"/>
S_{18}	</classpath>

图 8-22 结合 JUnit 单元测试的 build.xml 文件

```
S19             <include name="**/*.java"/>
S20         </javac>
S21     </target>
S22     <target name="testcompile" depends="compile">
S23         <depend srcdir="${testSrc.dir}" destdir="${build.classes}"/>
S24         <javac srcdir="${testSrc.dir}" destdir="${build.classes}" fork="true"
            memoryMaximumSize="512m">
S25             <compiler argvalue="-Xlint:unchecked"/>
S26             <classpath>
S27                 <pathelement path="${build.classes}"/>
S28                 <pathelement path="${java.class.path}/"/>
S29                 <fileset dir="lib">
S30                     <include name="*.jar"/>
S31                 </fileset>
S32             </classpath>
S33             <includename="**/*.java"/>
S34         </javac>
S35     </target>
S36     <target name="rmi-compile" depends="compile">
S37         <rmic base="${build.classes}" verify="true">
S38             <classpath>
S39                 <pathelement path="${build.classes}"/>
S40                 <pathelement path="${java.class.path}/"/>
S41             </classpath>
S42             <include name="**/*.class"/>
S43             <exclude name="**/test/*.class"/>
S44         </rmic>
S45     </target>
S46     <target name="runtests" depends="testcompile">
S47         <delete>
S48             <fileset dir="${reports.dir}" includes="**/*"/>
S49         </delete>
S50         <mkdir dir="${reports.dir}"/>
S51         <junit printsummary="on" failureProperty="fail">
S52             <classpath>
S53                 <pathelement location="lib/***.jar"/>
S54                 <pathelement location="lib/***.jar"/>
S55                 <pathelement path="${build.classes}"/>
```

图 8-22 （续）

s_{56}	<pathelement path="${java.class.path}/"/>
s_{57}	</classpath>
s_{58}	<formatter type="xml"/>
s_{59}	<batchtestfork="yes" todir="${reports.dir}">
s_{60}	<fileset dir="${src.dir}">
s_{61}	<include name="${test.dir}**/*Test.java"/>
s_{62}	</fileset>
s_{63}	</batchtest>
s_{64}	</junit>
s_{65}	<junitreport todir="${reports.dir}">
s_{66}	<fileset dir="${reports.dir}">
s_{67}	<include name="TEST-*.xml"/>
s_{68}	</fileset>
s_{69}	<report format="frames"todir="${correctreports.dir}"/>
s_{70}	</junitreport>
s_{71}	</target>
s_{72}	<target name="apidocs" depends="compile" description="JavaDoc Generation">
s_{73}	<javadocsourcepath="${src.dir}"destdir="${build.apidocs}" packagenames="AAA.BBB.CCC.*" author="true" version="true" notree="true" nonavbar="true" noindex="true" windowtitle="MyProjectAPI" doctitle= "Regulation" public="true"/>
s_{74}	</target>
s_{75}	<target name="make-jar"depends="rmi-compile"description="JAR Generation">
s_{76}	<delete file="myproject.jar"/>
s_{77}	<jar jarfile="myproject.jar"manifest="MANIFEST.MF">
s_{78}	<fileset dir="classes">
s_{79}	<exclude name="**/test/"/>
s_{80}	</fileset>
s_{81}	</jar>
s_{82}	</target>
s_{83}	</project>

图 8-22（续）

1）target JUNIT（语句 s_8 ～ s_{10}）：为 JUnit 测试提供支持。

2）target compile（语句 s_{11} ～ s_{21}）：编译保存在 src.dir 中的 Java 源文件。

3）target testcompile（语句 s_{22} ～ s_{35}）：编译保存在 testSrc.dir 中的测试文件。

4）target rmi-compile（语句 s_{36} ～ s_{45}）：若程序涉及 RMI 通信，则编译 RMI 相关文件。

5）target runtests（语句 s_{46} ～ s_{71}）：运行单元测试用例。

6）target apidocs（语句 s_{72} ～ s_{74}）：生成程序 API 文档。

7）target make-jar（语句 s_{75} ～ s_{82}）：打包生成 jar 文件。

需要说明的是，test 中测试文件所在目录与 src 中的源文件是一一对应的，目录结构也是一致的。

build.xml 编写完成后，便可切换到项目工程根目录下正式运行。例如，可输入“ ant compile”来编译源文件；输入“ ant testcompile”来编译测试文件；输入“ant make -jar”来打包生成 jar 文件；输入“ant runtest”来运行测试用例等。

8.3.2 JUnit-Maven 集成

与 Ant 工具类似，Maven 也是一个项目构建管理工具，但其提供了更多的约定、规范和标准，可以帮助开发人员用较少的代码完成更多的功能。例如，Maven 约定了文件的目录结构，开发人员可以更容易地理解项目的结构和功能。又如，Maven 使用了软件的构建生命周期概念，开发人员可以更容易地了解软件当前的状态。

Maven 本身并不是一个单元测试框架，但可在构建运行到特定阶段时通过 maven-surefire-plugin 插件来运行 JUnit 测试用例。默认情况下，该插件会自动运行测试代码目录（默认为 src/test/java）下所有符合以下命名方式的测试类：1）子目录下所有以 Test 开头的 Java 类；2）子目录下所有以 Test 结尾的 Java 类；3）子目录下所有以 TestCase 结尾的 Java 类。

maven-surefire-plugin 插件提供了一系列参数，以帮助测试者管理测试过程。例如，该插件提供了 test 参数，允许用户指定需要运行的测试用例。test 参数的值是测试类的名称，测试者可同时输入多个测试类，也可使用通配符选择多个测试类。若指定的类名不存在，将导致程序构建失败。此时，可通过参数“ -DfailIf-NoTests=false”避免程序构建失败时报错。又如，该插件提供了“ -Dmaven.test.skip=true”命令，用以跳过测试代码的编译和运行；或是使用“ -DskipTetst”命令，用以跳过测试代码的运行。

Maven 通过 pom.xml 文件进行项目的构建和配置工作，软件的测试工作也通过该 XML 文件进行。例如，图 8-23 给出一个跳过测试运行的 POM 示例，通过设置元素 skipTests 值为 true 实现；图 8-24 给出一个跳过测试编译和运行的 POM 示例，通过设置元素 skip 值为 true 实现。

s_0	<plugin>
s_1	<groupId>org.apache.maven.plugins</groupId>
s_2	<artifactId>maven-surefire-plugin</artifactId>
s_3	<version>2.5</version>
s_4	<configuration>
s_5	<skipTests>true</skipTests>
s_6	</configuration>
s_7	</plugin>

图 8-23　一个跳过测试运行的 POM 示例

s_0	<plugin>
s_1	<groupId>org.apache.maven.plugins</groupId>
s_2	<artifactId>maven-compiler-plugin</artifactId>
s_3	<version>2.1</version>
s_4	<configuration>
s_5	<skip>true</skip>
s_6	</configuration>
s_7	</plugin>

图 8-24　一个跳过测试编译和运行的 POM 示例

又如，Maven 使用者可以通过配置 include 元素和 exclude 元素来分别指定需要运行的测试类和不需要运行的测试类。图 8-25 给出一个指定测试运行的 POM 示例。其中，两个星号“**”用来匹配任意路径，一个星号“*”匹配除路径分隔符外的 0 个或多个字符。

测试结束后，maven-surefire-plugin 会在项目的 target/surefire-reports 目录下生成文本文档和 XML 两种格式的错误报告。

s_0	<plugin>
s_1	<groupId>org.apache.maven.plugins</groupId>
s_2	<artifactId>maven-surefire-plugin</artifactId>
s_3	<version>2.5</version>
s_4	<configuration>
s_5	<includes>
s_6	<include>**/*ATest.java</include>
s_7	</includes>
s_8	<excludes>
s_9	<exclude>**/*BTest.java</exclude>
s_{10}	<exclude>**/CTest.java</exclude>
s_{11}	</excludes>
s_{12}	</configuration>
s_{13}	</plugin>

图 8-25 一个指定测试运行的 POM 示例

8.4 小结

本章在前一章的基础上，进一步介绍了 JUnit 的高级功能，主要包括匹配器、JUnit 测试进阶、集成等功能。匹配器所使用的 assertThat 断言和 Matcher 匹配符可以帮助测试者更快地判断两个对象是否匹配，有效提高测试代码的开发效率。此外，JUnit 对 Controller 测试、Stup 测试、Mock 测试、Private 测试提供了很好的支持，并可与当前主流的 Java 开发框架（如 Ant、Maven）相集成，有效提高其可扩展性。

练习 8

一、简答题

1. 简述 assertThat 相比传统 assert 方法的提升。
2. 简述 Stup 测试与 Mock 测试两者的相似点与区别。

二、分析设计题

1. 登录慕测平台，使用匹配器和反射对 SuffixArray 题目进行测试，获取尽可能高的分支覆盖率。
2. 使用 Maven 构建一个小项目，实现 ATM 的简单存取功能，并将 JUnit 集成到 Maven 项目中，编写测试脚本对源代码进行测试。

附　录
Appendix

慕测科技——开发者测试平台

A.1　慕测平台的教学应用

慕测平台（Mooctest）致力于推广信息化的软件测试教学，为计算机相关专业的教师和学生提供在线软件测试学习、练习和考试等服务。经系统身份确认并注册后，教师便可在系统中根据实际情况建立自己的班级，为班级中的学生提供学习和考试任务，帮助他们获得充分的软件测试练习机会，提高他们的软件测试水平。

A.1.1　账号注册

教师在正式使用系统前，应在慕测官网[㊀]中注册教师账号。如图 A-1 所示，登录官网后单击“现在注册”，添加用户名、账号和密码信息后即可登录。

首次登录后系统自动跳入如图 A-2 所示的个人信息界面。可以看到，用户的身份依然是“学生”。此时，需要单击左边栏“成为教师”按钮，申请将身份转变为“教师”。要转为教师身份，需要用户进行以下操作：

1）下载“教师资格认证”文件，填写相关信息并盖章。

2）填写盖章后，将文件扫描版或拍照版以电邮形式发送至慕测管理员邮箱：admin@mooctest.net。

㊀ Mooctest: www.mooctest.net。

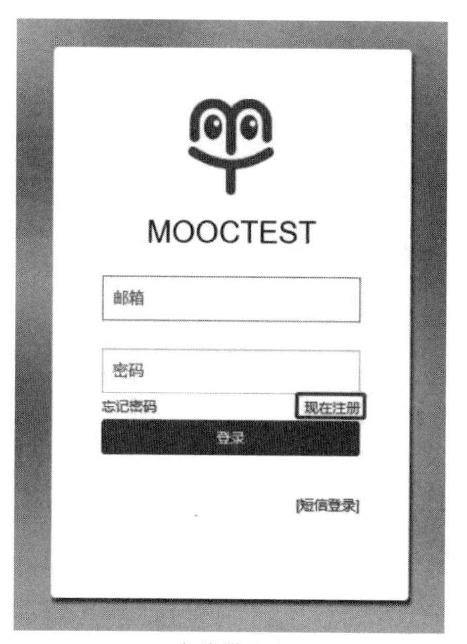

a）注册登录

b）信息添加

图 A-1　教师账号注册

图 A-2　个人信息界面（学生）

如图 A-3 所示，用户提交申请审核通过后，重新登录即可发现个人信息页右上方出现“教师”标签，此时身份转变为“教师”。用户注册教师账号成功。

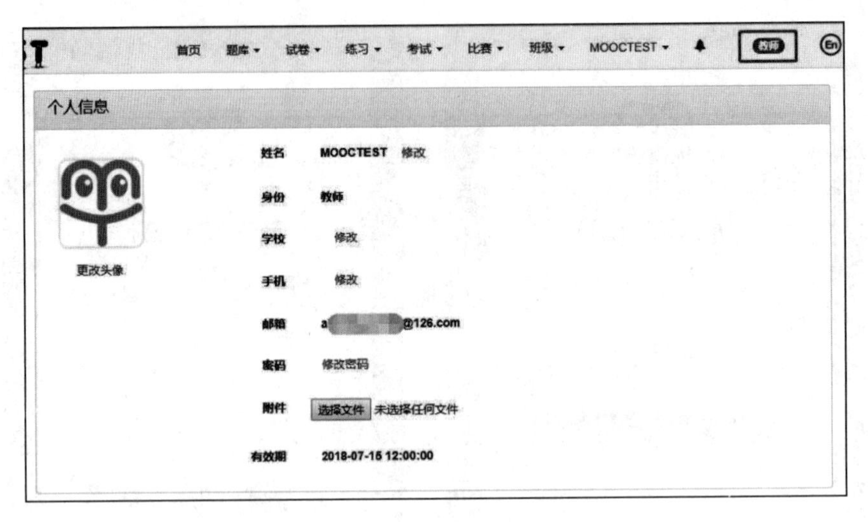

图 A-3 个人信息界面（教师）

A.1.2 班级管理

当用户拥有教师权限后，即可开展班级管理工作。如图 A-4 所示，在班级页面，教师可以查看自己所建立的班级信息，包括班级编号、名称、人数、是否允许添加学生、是否处于激活状态等。其中，班级编号是学生添加班级的一个重要信息，学生需要用班级编号和教师的账户名来进行班级的添加。教师也可以使用班级页面的添加按钮、输入学生的邮箱来将学生添加到当前班级。

我创建的班级 最大激活群组人数【491/5000】 新建

编号	名称	人数	允许加入	是否激活
580		4	否	激活
563		43	是	激活
562		28	是	激活
540		1	否	激活
533		234	否	激活

图 A-4 班级信息页面

此外，教师还可通过右上角的“新建”功能建立新的班级。如图 A-5 所示，单击“新建”按钮后，教师须在弹出页面中添加班级名称信息。班级编号则由系统自动生成。图 A-6 给出一个班级信息示例，默认情况下班级允许学生进入，班级处于激活状态。

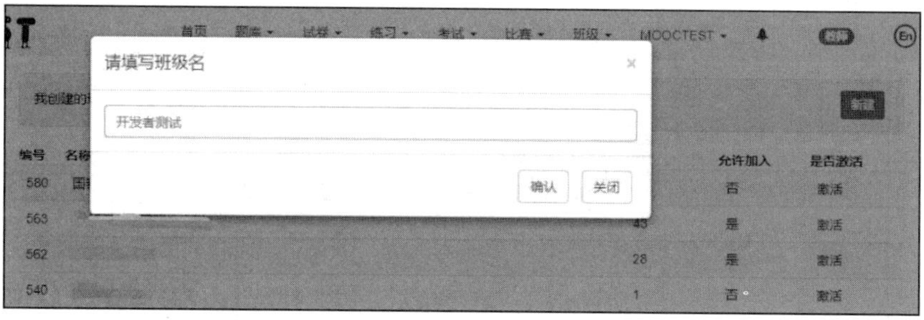

图 A-5 新建班级页面

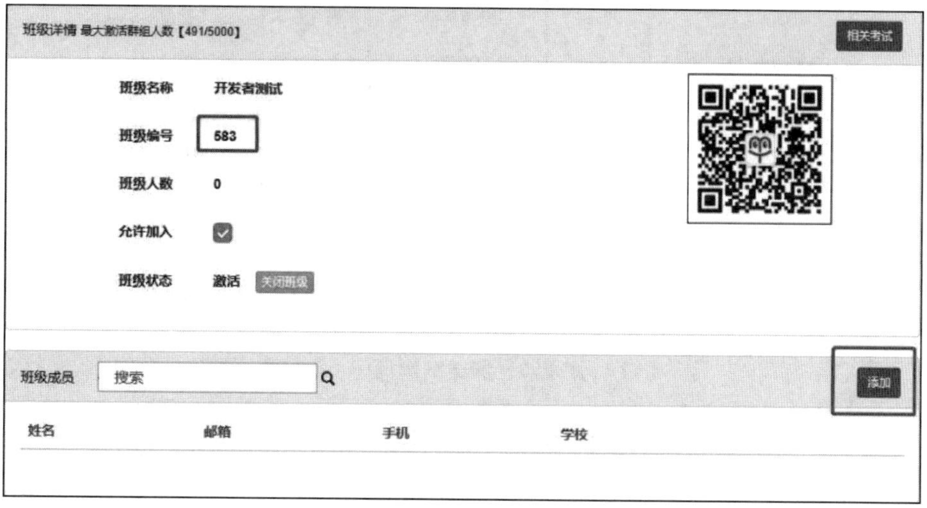

图 A-6 班级信息示例

A.1.3 考试管理

软件测试练习和考试是慕测系统的主要功能。在班级建立完成后，教师可以给班级内的学生布置练习和考试任务。发布练习或考试任务的具体步骤如下：

1）如图 A-7 所示，在“题库”→“测试案例”中选择测试题目。

Java 开发者测试的题目类型是“ Junit Testing”。对于每一道题目，系统列出了题目的名称、类型、创建者和难度。对于练习和考试需要的题目，单击“添加试题”即可添加到试卷中。如图 A-8 所示，所有题目选择完毕后，单击“出卷”即可生成试卷。

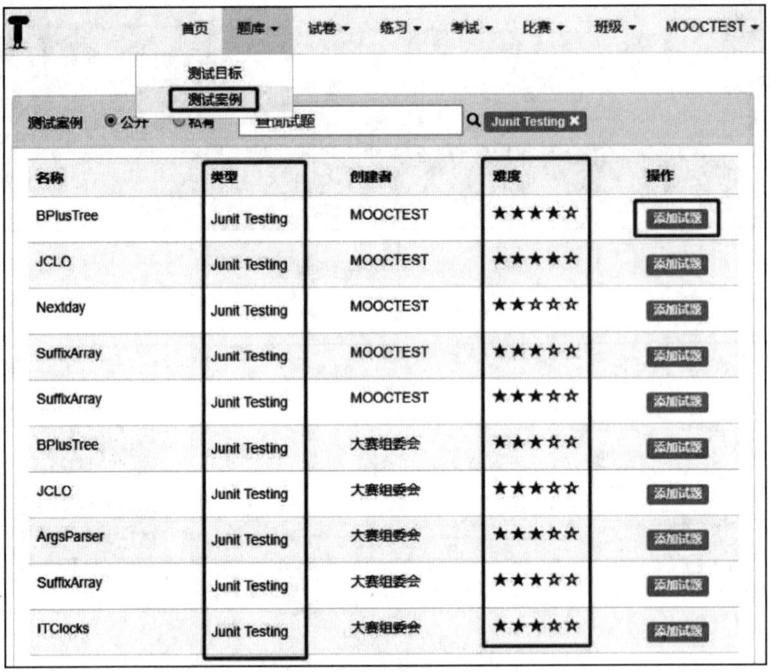

首页　题库　试卷　练习　考试　比赛　班级　MOOCTEST

测试目标
测试案例

测试案例　公开　私有　查询试题　Junit Testing

名称	类型	创建者	难度	操作
BPlusTree	Junit Testing	MOOCTEST	★★★★☆	添加试题
JCLO	Junit Testing	MOOCTEST	★★★★☆	添加试题
Nextday	Junit Testing	MOOCTEST	★★☆☆☆	添加试题
SuffixArray	Junit Testing	MOOCTEST	★★★☆☆	添加试题
SuffixArray	Junit Testing	MOOCTEST	★★★☆☆	添加试题
BPlusTree	Junit Testing	大赛组委会	★★★☆☆	添加试题
JCLO	Junit Testing	大赛组委会	★★★☆☆	添加试题
ArgsParser	Junit Testing	大赛组委会	★★★☆☆	添加试题
SuffixArray	Junit Testing	大赛组委会	★★★☆☆	添加试题
ITClocks	Junit Testing	大赛组委会	★★★☆☆	添加试题

图 A-7　测试案例页面

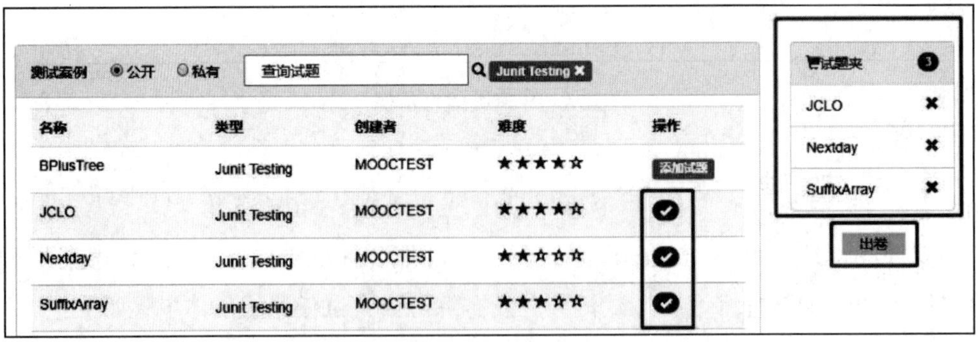

测试案例　公开　私有　查询试题　Junit Testing

名称	类型	创建者	难度	操作
BPlusTree	Junit Testing	MOOCTEST	★★★★☆	添加试题
JCLO	Junit Testing	MOOCTEST	★★★★☆	✔
Nextday	Junit Testing	MOOCTEST	★★☆☆☆	✔
SuffixArray	Junit Testing	MOOCTEST	★★★☆☆	✔

试题夹 3
JCLO ✖
Nextday ✖
SuffixArray ✖
出卷

图 A-8　出卷页面

2）如图 A-9 所示，单击“出卷”后系统自动跳转到试卷详情页面，教师须补充试卷名称和试卷说明。

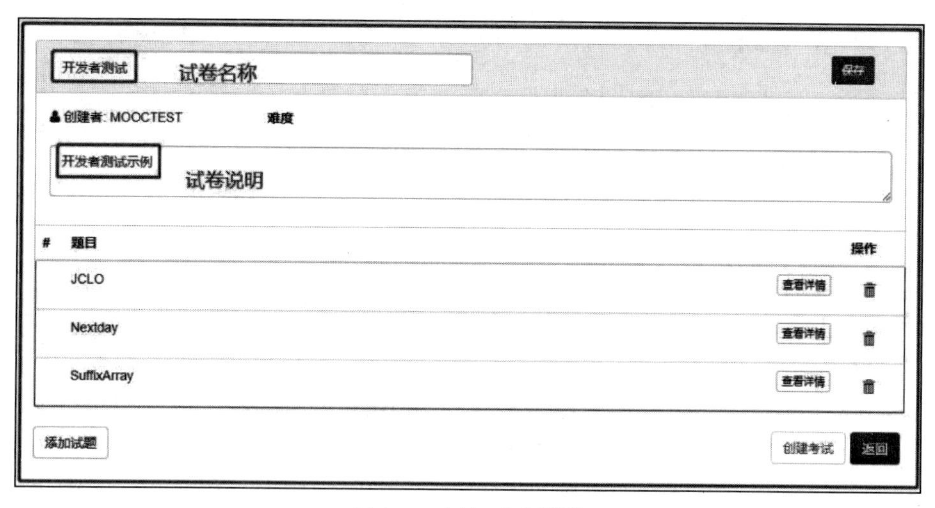

图 A-9　添加试卷详情

3）如图 A-10 所示，试卷出完后，教师应保存试卷并创建考试。与前一步类似，教师应添加考试名称和考试说明。此外，教师还须选择考试班级，设定考试时间和考试类型。如图 A-11 所示，所有信息填写并保存结束后，系统跳转至考试详情界面。

图 A-10　创建考试界面

在考试前，教师可以通过考试详情界面编辑考试的相关信息，包括每道题目的得分占比、每道题目的评分规则等。在考试过程中，老师可以实时查看学生的得分情况，如图 A-12 所示，包括整体的得分分布、每个学生每道题目的得分等。在考试结束后，教师可下载本次考试所有的成绩。

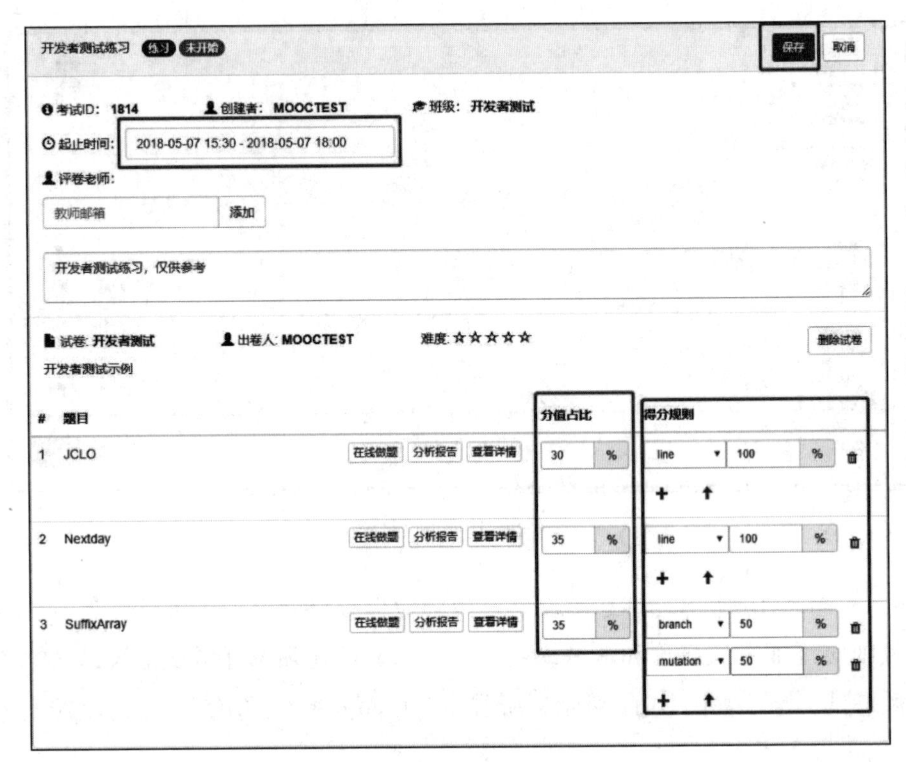

图 A-11　考试详情界面

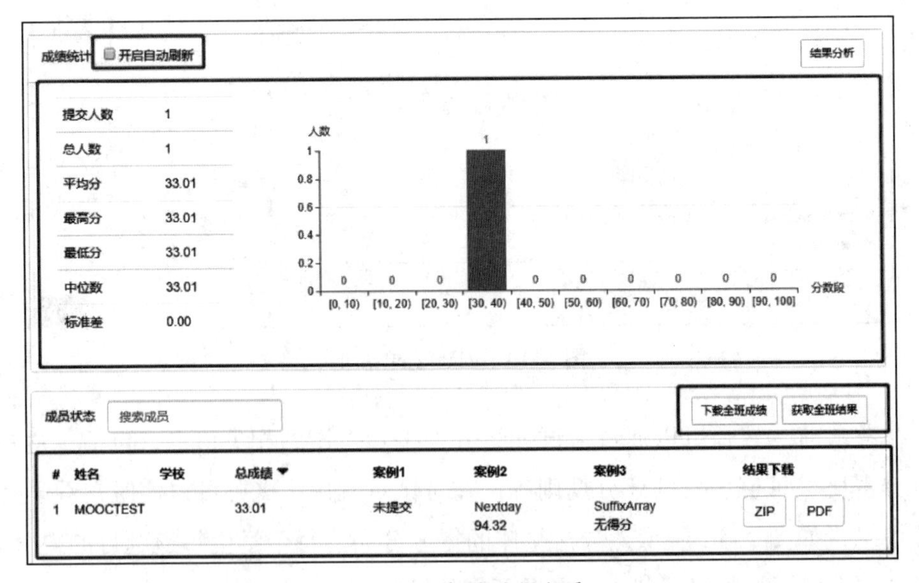

图 A-12　考试过程查看

A.2 全国大学生软件测试大赛

A.2.1 大赛介绍

为了建立软件产业和高等教育的资源对接、探索产教研融合的软件测试专业培养体系、进一步推进高等院校软件测试专业建设和深化软件工程实践教学改革，教育部软件工程专业教学指导委员会、中国计算机学会软件工程专业委员会、中国软件测评机构联盟、中国计算机学会系统软件专业委员会和中国计算机学会容错计算专业委员会在2016年联合举办了首届“全国大学生软件测试大赛”，包含了开发者测试、移动应用测试、嵌入式测试等三个分项。大赛吸引了全国300余所大学的近4000名学生参赛。

为了继续深化软件工程实践教学改革、探索产教研融合的软件测试专业培养模式、推进高等院校软件测试专业建设、建立软件产业和高等教育的产学研对接平台，各个单位于2017年举办了第二届“全国大学生软件测试大赛”。本次比赛在三个分项赛的基础上，增加了Web安全测试等比赛分项。同时，大赛还首次增设了面向高职院校的团队比赛，包括移动应用测试团队赛和Web应用测试团队赛。参赛人次已超过25000人，涉及高校超过330所。

在历次比赛中，慕测科技均作为大赛的主要承办单位，深度参与到大赛进程中，为大赛的组织和管理提供服务。同时，慕测平台作为大赛主要的技术平台，为开发者测试、移动应用测试等分项比赛的顺利开展提供了技术支持。

A.2.2 开发者测试比赛

开发者测试比赛是全国软件测试大赛的重要比赛项目。该项赛事以JUnit单元测试为主，比赛题目大都来源于开源社区，其内容包含但不限于算法实现、数据结构和具体的应用代码。在有限时间内，学生需要分析理解源代码，进行针对性的JUnit脚本编写。比赛以代码分支覆盖和变异“杀死”率作为评分标准。选手在完成脚本编写之后，使用慕测所提供的插件进行分支覆盖评分，由服务器进行变异测试。最后，根据分支覆盖和变异“杀死”得分给出选手的最终排名。

开发者测试赛程贯穿春秋两个学期，能够配合各个高校的软件测试课程。学习开发测试的同学可以通过开发者测试比赛来提升自己的分析测试能力，在比赛中找到自己的不足并进行提升。同时，在春秋预选赛中的国内优秀选手将有机会在寒暑假期间参与由慕测组织的欧美赛区邀请赛，与欧美的优秀测试选手进行切磋。例如在 2017 年，大赛与 IEEE Reliability Society 连同国际软件质量大会共同举办了首届 IEEE 国际软件测试比赛，吸引了众多国际选手的积极参与。

A.2.3　一个开发者测试题目

本节针对一个真实的开发者测试比赛题目 SuffixArray（见图 A-13），给出该题目的单元测试答案 SuffixArrayTest（见图 A-14）。读者可针对题目及答案进行研究和学习，提高自己的单元测试水平。

s0	`package net.mooctest;`
s1	`import java.util.Arrays;`
s2	`class SuffixArray {`
s3	`    public static void makeLCPArray( int [ ] s, int [ ] sa, int [ ] LCP ) {`
s4	`        int N = sa.length;`
s5	`        int [ ] rank = new int[ N ];`
s6	`        s[ N ] = -1;`
s7	`        for( int i = 0; i < N; i++ )`
s8	`            rank[ sa[ i ] ] = i;`
s9	`        int h = 0;`
s10	`        for( int i = 0; i < N; i++ )`
s11	`            if( rank[ i ] > 0 ) {`
s12	`                int j = sa[ rank[ i ] - 1 ];`
s13	`                while( s[ i + h ] == s[ j + h ] )`
s14	`                    h++;`
s15	`                LCP[ rank[ i ] ] = h;`
s16	`                if( h > 0 )`
s17	`                    h--;`
s18	`            }`
s19	`    }`
s20	`    public static void createSuffixArray( String str, int [ ] sa, int [ ] LCP ) {`
s21	`        int N = str.length( );`

图 A-13　开发者测试比赛题目 SuffixArray

```
s22          int [ ] s = new int[ N + 3 ];
s23          int [ ] SA = new int[ N + 3 ];
s24          for( int i = 0; i < N; i++ )
s25              s[ i ] = str.charAt( i );
s26          makeSuffixArray( s, SA, N, 256 );
s27          for( int i = 0; i < N; i++ )
s28              sa[ i ] = SA[ i ];
s29          makeLCPArray( s, sa, LCP );
s30      }
s31      public static void makeSuffixArray( int [ ] s, int [ ] SA, int n, int K ) {
s32          int n0 = ( n + 2 ) / 3;
s33          int n1 = ( n + 1 ) / 3;
s34          int n2 = n / 3;
s35          int t = n0 - n1;
s36          int n12 = n1 + n2 + t;
s37          int [ ] s12  = new int[ n12 + 3 ];
s38          int [ ] SA12 = new int[ n12 + 3 ];
s39          int [ ] s0   = new int[ n0 ];
s40          int [ ] SA0  = new int[ n0 ];
s41          for( int i = 0, j = 0; i < n + t; i++ )
s42              if( i % 3 != 0 )
s43                  s12[ j++ ] = i;
s44          int K12 = assignNames( s, s12, SA12, n0, n12, K );
s45          computeS12( s12, SA12, n12, K12 );
s46          computeS0( s, s0, SA0, SA12, n0, n12, K );
s47          merge( s, s12, SA, SA0, SA12, n, n0, n12, t );
s48      }
s49      private static int assignNames( int [ ] s, int [ ] s12, int [ ] SA12, int n0,
s50          int n12, int K ) {
s51          radixPass( s12 , SA12, s, 2, n12, K );
s52          radixPass( SA12, s12 , s, 1, n12, K );
s53          radixPass( s12 , SA12, s, 0, n12, K );
s54          int name = 0;
s55          int c0 = -1, c1 = -1, c2 = -1;
s56          for( int i = 0; i < n12; i++ ) {
s57              if( s[ SA12[ i ] ] != c0 || s[ SA12[ i ] + 1 ] != c1
s58                  || s[ SA12[ i ] + 2 ] != c2 ) {
s59                  name++;
```

图 A-13 （续）

s60	c0 = s[SA12[i]];
s61	c1 = s[SA12[i] + 1];
s62	c2 = s[SA12[i] + 2];
s63	}
s64	if(SA12[i] % 3 == 1)
s65	s12[SA12[i] / 3] = name;
s66	else
s67	s12[SA12[i] / 3 + n0] = name;
s68	}
s69	return name;
s70	}
s71	private static void radixPass(int [ ] in, int [ ] out, int [ ] s, int offset, int n,
s72	int K) {
s73	int [ ] count = new int[K + 2];
s74	for(int i = 0; i < n; i++)
s75	count[s[in[i] + offset] + 1]++;
s76	for(int i = 1; i <= K + 1; i++)
s77	count[i] += count[i - 1];
s78	for(int i = 0; i < n; i++)
s79	out[count[s[in[i] + offset]]++] = in[i];
s80	}
s81	private static void radixPass(int [ ] in, int [ ] out, int [ ] s, int n, int K) {
s82	radixPass(in, out, s, 0, n, K);
s83	}
s84	private static void computeS12(int [ ] s12, int [ ] SA12, int n12, int K12) {
s85	if(K12 == n12) //if unique names, don't need recursion
s86	for(int i = 0; i < n12; i++)
s87	SA12[s12[i] - 1] = i;
s88	else {
s89	makeSuffixArray(s12, SA12, n12, K12);
s90	//store unique names in s12 using the suffix array
s91	for(int i = 0; i < n12; i++)
s92	s12[SA12[i]] = i + 1;
s93	}
s94	}
s95	private static void computeS0(int [ ] s, int [ ] s0, int [ ] SA0, int [ ] SA12,
s96	int n0, int n12, int K) {

图 A-13 （续）

s97	`        for( int i = 0, j = 0; i < n12; i++ )`
s98	`            if( SA12[ i ] < n0 )`
s99	`                s0[ j++ ] = 3 * SA12[ i ];`
s100	`        radixPass( s0, SA0, s, n0, K );`
s101	`    }`
s102	`    private static void merge( int [ ] s, int [ ] s12, int [ ] SA, int [ ] SA0,`
s103	`        int [ ] SA12, int n, int n0, int n12, int t ) {`
s104	`        int p = 0, k = 0;`
s105	`        while( t != n12 && p != n0 ) {`
s106	`            int i = getIndexIntoS( SA12, t, n0 );`
s107	`            int j = SA0[ p ];`
s108	`            if( suffix12IsSmaller( s, s12, SA12, n0, i, j, t ) ) {`
s109	`                SA[ k++ ] = i;`
s110	`                t++;`
s111	`            } else {`
s112	`                SA[ k++ ] = j;`
s113	`                p++;`
s114	`            }`
s115	`        }`
s116	`        while( p < n0 )`
s117	`            SA[ k++ ] = SA0[ p++ ];`
s118	`        while( t < n12 )`
s119	`            SA[ k++ ] = getIndexIntoS( SA12, t++, n0 );`
s120	`    }`
s121	`    private static int getIndexIntoS( int [ ] SA12, int t, int n0 ) {`
s122	`        if( SA12[ t ] < n0 )`
s123	`            return SA12[ t ] * 3 + 1;`
s124	`        else`
s125	`            return ( SA12[ t ] - n0 ) * 3 + 2;`
s126	`    }`
s127	`    private static boolean leq( int a1, int a2, int b1, int b2 )`
s128	`    { return a1 < b1 || a1 == b1 && a2 <= b2; }`
s129	`    private static boolean leq( int a1, int a2, int a3, int b1, int b2, int b3 )`
s130	`    { return a1 < b1 || a1 == b1 && leq( a2, a3,b2, b3 ); }`
s131	`    private static boolean suffix12IsSmaller( int [ ] s, int [ ] s12, int [ ] SA12,`
s132	`        int n0, int i, int j, int t ) {`
s133	`        if( SA12[ t ] < n0 )`
s134	`           return leq( s[ i ], s12[ SA12[ t ] + n0 ], s[ j ], s12[ j / 3 ] );`

图 A-13 （续）

s135	`        else`
s136	`            return leq( s[ i ], s[ i + 1 ], s12[ SA12[ t ] - n0 + 1 ],`
s137	`                s[ j ], s[ j + 1 ], s12[ j / 3 + n0 ] );`
s138	`    }`
s139	`    public static void printV( int [ ]  a, String comment ) {`
s140	`        System.out.print( comment + ":" );`
s141	`        for( int x : a )`
s142	`            System.out.print( x + " " );`
s143	`        System.out.println( );`
s144	`    }`
s145	`    public static boolean isPermutation( int [ ] SA, int n ) {`
s146	`        boolean [ ] seen = new boolean [ n ];`
s147	`        for( int i = 0; i < n; i++ )`
s148	`            seen[ i ] = false;`
s149	`        for( int i = 0; i < n; i++ )`
s150	`            seen[ SA[ i ] ] = true;`
s151	`        for( int i = 0; i < n; i++ )`
s152	`            if( !seen[ i ] )`
s153	`                return false;`
s154	`        return true;`
s155	`    }`
s156	`    public static boolean sleq( int  [ ] s1, int start1, int [ ] s2, int start2 ) {`
s157	`        for( int i = start1, j = start2; ; i++, j++ ) {`
s158	`            if( s1[ i ] < s2[ j ] )`
s159	`                return true;`
s160	`            if( s1[ i ] > s2[ j ] )`
s161	`                return false;`
s162	`        }`
s163	`    }`
s164	`    public static boolean isSorted( int [ ] SA, int [ ] s, int n ) {`
s165	`        for( int i = 0; i < n-1; i++ )`
s166	`            if( !sleq( s, SA[ i ], s, SA[ i + 1 ] ) )`
s167	`                return false;`
s168	`        return true;`
s169	`    }`
s170	`    public static int computeLCP( String s1, String s2 ) {`
s171	`        int i = 0;`
s172	`        while( i < s1.length( ) && i < s2.length( ) && s1.charAt( i )`

图 A-13 （续）

s173	== s2.charAt(i))
s174	i++;
s175	return i;
s176	}
s177	public static void createSuffixArraySlow(String str, int[ ] SA, int[ ] LCP) {
s178	if(SA.length != str.length( ) || LCP.length != str.length( ))
s179	throw new IllegalArgumentException( );
s180	int N = str.length( );
s181	String [ ] suffixes = new String[N];
s182	for(int i = 0; i < N; i++)
s183	suffixes[i] = str.substring(i);
s184	Arrays.sort(suffixes);
s185	for(int i = 0; i < N; i++)
s186	SA[i] = N - suffixes[i].length( );
s187	LCP[0] = 0;
s188	for(int i = 1; i < N; i++)
s189	LCP[i] = computeLCP(suffixes[i - 1], suffixes[i]);
s190	}
s191	}

图 A-13 （续）

s1	package net.mooctest;
s2	import org.junit.After;
s3	import org.junit.Before;
s4	import org.junit.Test;
s5	import static org.junit.Assert.*;
s6	public class SuffixArrayTest {
s7	@Before
s8	public void setUp() throws Exception {
s9	}
s10	@After
s11	public void tearDown() throws Exception {
s12	}
s13	@Test
s14	public void testConstruct() {
s15	new SuffixArray();
s16	}

图 A-14 SuffixArray 的单元测试代码 SuffixArrayTest

s17	@Test
s18	public void testSuffixArray() {
s19	String str = "AABBBCCDD";
s20	int[] sa = new int[str.length()];
s21	int[] lcp = new int[str.length()];
s22	SuffixArray.createSuffixArray(str, sa, lcp);
s23	int[] sa2 = new int[str.length()];
s24	int[] lcp2 = new int[str.length()];
s25	SuffixArray2.createSuffixArray(str, sa2, lcp2);
s26	assertArrayEquals(sa2, sa);
s27	assertArrayEquals(lcp2, lcp);
s28	}
s29	@Test
s30	public void testSuffixArraySlow() {
s31	String str = "N&Yn48rnN&*$Y";
s32	int[] sa = new int[str.length()];
s33	int[] lcp = new int[str.length()];
s34	SuffixArray.createSuffixArraySlow(str, sa, lcp);
s35	SuffixArray.printV(sa, "sa");
s36	int[] sa2 = new int[str.length()];
s37	int[] lcp2 = new int[str.length()];
s38	SuffixArray2.createSuffixArray(str, sa2, lcp2);
s39	assertArrayEquals(sa2, sa);
s40	assertArrayEquals(lcp2, lcp);
s41	}
s42	@Test
s43	public void testSuffixArraySlowIllegal() {
s44	String str = "N&Yn48rnN&*$Y";
s45	int[] sa = new int[str.length() + 1];
s46	int[] lcp = new int[str.length() + 1];
s47	try {
s48	SuffixArray.createSuffixArraySlow(str, sa, lcp);
s49	fail();
s50	} catch (IllegalArgumentException e) {
s51	}
s52	sa = new int[str.length()];
s53	try {
s54	SuffixArray.createSuffixArraySlow(str, sa, lcp);

图 A-14 （续）

s55	`            fail();`
s56	`        } catch (IllegalArgumentException e) {`
s57	`        }`
s58	`    }`
s59	`    @Test`
s60	`    public void testPermutation() {`
s61	`    assertTrue(SuffixArray.isPermutation(new int[]{0, 1, 2, 3, 4, 5}, 6));`
s62	`    assertFalse(SuffixArray.isPermutation(new int[]{0, 0, 2, 3, 4, 5}, 6));`
s63	`    }`
s64	`    @Test`
s65	`    public void testSleq() {`
s66	`    assertTrue(SuffixArray.sleq(new int[]{1, 2, 3}, 0, new int[]{2, 3, 4}, 0));`
s67	`    assertFalse(SuffixArray.sleq(new int[]{2, 3, 4}, 0, new int[]{1, 2, 3}, 0));`
s68	`    assertFalse(SuffixArray.sleq(new int[]{2, 3, 4}, 0, new int[]{2, 2, 3}, 0));`
s69	`    }`
s70	`    @Test`
s71	`    public void testSorted() {`
s72	`    assertTrue(SuffixArray.isSorted(new int[]{0, 1, 2}, new int[]{1, 2, 3}, 3));`
s73	`    assertFalse(SuffixArray.isSorted(new int[]{0, 1, 2}, new int[]{1, 2, 1}, 3));`
s74	`    }`
s75	`    @Test`
s76	`    public void testComputeLCP() {`
s77	`assertEquals(SuffixArray2.computeLCP("G*&&Nb4nr7", "*M#7nnbg"),`
s78	`SuffixArray.computeLCP("G*&&Nb4nr7", "*M#7nnbg"));`
s79	`    }`
s80	`    private static class SuffixArray2 {`
s81	`        public static void makeLCPArray(int[] s, int[] sa, int[] LCP) {`
s82	`            int N = sa.length;`
s83	`            int[] rank = new int[N];`
s84	`            s[N] = -1;`
s85	`            for (int i = 0; i < N; i++)`
s86	`                rank[sa[i]] = i;`
s87	`            int h = 0;`
s88	`            for (int i = 0; i < N; i++)`
s89	`                if (rank[i] > 0) {`
s90	`                    int j = sa[rank[i] - 1];`
s91	`                    while (s[i + h] == s[j + h])`
s92	`                        h++;`

图 A-14 （续）

s93	LCP[rank[i]] = h;
s94	if (h > 0)
s95	h--;
s96	}
s97	}
s98	public static void createSuffixArray(String str, int[] sa, int[] LCP) {
s99	int N = str.length();
s100	int[] s = new int[N + 3];
s101	int[] SA = new int[N + 3];
s102	for (int i = 0; i < N; i++)
s103	s[i] = str.charAt(i);
s104	makeSuffixArray(s, SA, N, 256);
s105	for (int i = 0; i < N; i++)
s106	sa[i] = SA[i];
s107	makeLCPArray(s, sa, LCP);
s108	}
s109	public static void makeSuffixArray(int[] s, int[] SA, int n, int K) {
s110	int n0 = (n + 2) / 3;
s111	int n1 = (n + 1) / 3;
s112	int n2 = n / 3;
s113	int t = n0 - n1; //1 iff n%3 == 1
s114	int n12 = n1 + n2 + t;
s115	int[] s12 = new int[n12 + 3];
s116	int[] SA12 = new int[n12 + 3];
s117	int[] s0 = new int[n0];
s118	int[] SA0 = new int[n0];
s119	for (int i = 0, j = 0; i < n + t; i++)
s120	if (i % 3 != 0)
s121	s12[j++] = i;
s122	int K12 = assignNames(s, s12, SA12, n0, n12, K);
s123	computeS12(s12, SA12, n12, K12);
s124	computeS0(s, s0, SA0, SA12, n0, n12, K);
s125	merge(s, s12, SA, SA0, SA12, n, n0, n12, t);
s126	}
s127	private static int assignNames(int[] s, int[] s12, int[] SA12,
s128	int n0, int n12, int K) {
s129	radixPass(s12, SA12, s, 2, n12, K);
s130	radixPass(SA12, s12, s, 1, n12, K);

图 A-14 （续）

s131	radixPass(s12, SA12, s, 0, n12, K);
s132	int name = 0;
s133	int c0 = -1, c1 = -1, c2 = -1;
s134	for (int i = 0; i < n12; i++) {
s135	if (s[SA12[i]] != c0 || s[SA12[i] + 1] != c1
s136	|| s[SA12[i] + 2] != c2) {
s137	name++;
s138	c0 = s[SA12[i]];
s139	c1 = s[SA12[i] + 1];
s140	c2 = s[SA12[i] + 2];
s141	}
s142	if (SA12[i] % 3 == 1)
s143	s12[SA12[i] / 3] = name;
s144	else
s145	s12[SA12[i] / 3 + n0] = name;
s146	}
s147	return name;
s148	}
s149	private static void radixPass(int[] in, int[] out, int[] s, int offset,
s150	int n, int K) {
s151	int[] count = new int[K + 2];
s152	for (int i = 0; i < n; i++)
s153	count[s[in[i] + offset] + 1]++;
s154	for (int i = 1; i <= K + 1; i++)
s155	count[i] += count[i - 1];
s156	for (int i = 0; i < n; i++)
s157	out[count[s[in[i] + offset]]++] = in[i];
s158	}
s159	private static void radixPass(int[] in, int[] out, int[] s, int n, int K) {
s160	radixPass(in, out, s, 0, n, K);
s161	}
s162	private static void computeS12(int[] s12, int[] SA12, int n12, int K12){
s163	if (K12 == n12)
s164	for (int i = 0; i < n12; i++)
s165	SA12[s12[i] - 1] = i;
s166	else {
s167	makeSuffixArray(s12, SA12, n12, K12);
s168	// store unique names in s12 using the suffix array

图 A-14 （续）

s169	`            for (int i = 0; i < n12; i++)`
s170	`                s12[SA12[i]] = i + 1;`
s171	`        }`
s172	`    }`
s173	`    private static void computeS0(int[] s, int[] s0, int[] SA0, int[] SA12,`
s174	`        int n0, int n12, int K) {`
s175	`        for (int i = 0, j = 0; i < n12; i++)`
s176	`            if (SA12[i] < n0)`
s177	`                s0[j++] = 3 * SA12[i];`
s178	`        radixPass(s0, SA0, s, n0, K);`
s179	`    }`
s180	`    private static void merge(int[] s, int[] s12, int[] SA, int[] SA0,`
s181	`        int[] SA12, int n, int n0, int n12, int t) {`
s182	`        int p = 0, k = 0;`
s183	`        while (t != n12 && p != n0) {`
s184	`            int i = getIndexIntoS(SA12, t, n0); //S12`
s185	`            int j = SA0[p];`
s186	`            if (suffix12IsSmaller(s, s12, SA12, n0, i, j, t)) {`
s187	`                SA[k++] = i;`
s188	`                t++;`
s189	`            } else {`
s190	`                SA[k++] = j;`
s191	`                p++;`
s192	`            }`
s193	`        }`
s194	`        while (p < n0)`
s195	`            SA[k++] = SA0[p++];`
s196	`        while (t < n12)`
s197	`            SA[k++] = getIndexIntoS(SA12, t++, n0);`
s198	`    }`
s199	`    private static int getIndexIntoS(int[] SA12, int t, int n0) {`
s200	`        if (SA12[t] < n0)`
s201	`            return SA12[t] * 3 + 1;`
s202	`        else`
s203	`            return (SA12[t] - n0) * 3 + 2;`
s204	`    }`
s205	`    private static boolean leq(int a1, int a2, int b1, int b2) {`
s206	`        return a1 < b1 || a1 == b1 && a2 <= b2;`

图 A-14 （续）

```
s207            }
s208            private static boolean leq(int a1, int a2, int a3, int b1, int b2, int b3) {
s209                return a1 < b1 || a1 == b1 && leq(a2, a3, b2, b3);
s210            }
s211            private static boolean suffix12IsSmaller(int[] s, int[] s12, int[] SA12,
s212                int n0, int i, int j, int t) {
s213                if (SA12[t] < n0)
s214                    return leq(s[i], s12[SA12[t] + n0], s[j], s12[j / 3]);
s215                else
s216                    return leq(s[i], s[i + 1], s12[SA12[t] - n0 + 1],
s217                        s[j], s[j + 1], s12[j / 3 + n0]);
s218            }
s219            public static int computeLCP(String s1, String s2) {
s220                int i = 0;
s221                while (i < s1.length() && i < s2.length() && s1.charAt(i)
s222    == s2.charAt(i))
s223                    i++;
s224                return i;
s225            }
s226        }
s227    }
```

图 A-14 （续）

A.3 小结

本附录介绍了面向开发者测试教学与竞赛的慕测科技——开发者测试平台（慕测平台）。慕测平台提供了充分的开发者测试教学服务，教师和学生可以方便地注册和使用该平台，并可通过平台所提供的公共题库及自身建立的私有题库组织开发者测试练习和考试。同时，慕测平台还为全国大学生软件测试大赛提供了技术支持，为软件测试的推广、开发者测试理念的普及做出了重要贡献。

参 考 文 献

[1] 林若钦 . 基于 JUnit 单元测试应用技术［M］. 广州：华南理工大学出版社，2017.

[2] 秦航，杨强 . 软件质量保证与测试［M］. 2 版 . 北京：清华大学出版社，2017.

[3] 郑炜，刘文兴，杨喜兵，等 . 软件测试（慕课版）[M]. 北京：人民邮电出版社，2017.

[4] 李炳森 . 实用软件测试［M］. 北京：清华大学出版社，2016.

[5] 宫云战 . 软件测试教程［M］. 2 版 . 北京：机械工业出版社，2016.

[6] 朱少民 . 软件测试［M］. 2 版 . 北京：人民邮电出版社，2016.

[7] Stephen Vance. 优质代码：软件测试的原则、实践与模式［M］. 伍斌，译 . 北京：人民邮电出版社，2015.

[8] Lasse Koskela. 有效的单元测试［M］. 申健，译 . 北京：机械工业出版社，2014.

[9] 周元哲 . 软件测试实用教程［M］. 北京：人民邮电出版社，2013.

[10] 李海生，郭锐 . 软件测试技术案例教程［M］. 北京：清华大学出版社，2012.

[11] Glenford J Myers, Tom Badgett, Corey Sandler. 软件测试的艺术［M］. 张晓明，黄琳，译 . 3 版 . 北京：机械工业出版，2012.

[12] Petar Tahchiev, Felipe Leme, Vincent Massol, et al. JUnit 实战［M］. 王魁，译 . 2 版 . 北京：人民邮电出版社，2012.

[13] Stephen Brown, Joe Timoney, Tom Lysaght，叶德仕 . 软件测试原理与实践（英文版）[M]. 北京：机械工业出版社，2012.

[14] Steve McConnell. 代码大全［M］. 金戈，汤凌，陈硕，张菲，译 . 2 版 . 北京：电子工业出版社，2012.

[15] 徐光侠，韦庆杰 . 软件测试技术教程［M］. 北京：人民邮电出版社，2011.

[16] 郑人杰，许静，于波 . 软件测试［M］. 北京：人民邮电出版社，2011.

[17] Aditya P. Mathur. 软件测试基础教程［M］. 王峰，郭长国，陈振华，等译 . 北京：机械工业出版社，2011.

[18] Maaike Gerritsen. Extending T2 with Prime Path Coverage Exploration［Z］. Utrecht: Universiteit Utrecht, 2008.

[19] Ron Patton. 软件测试［M］. 张小松，王珏，曹跃，译 . 2 版 . 北京：机械工业出版社，2006.

[20] Paul C. Jorgensen. 软件测试［M］. 韩柯，杜旭涛，译 . 2 版 . 北京：机械工业出版社，2003.

推荐阅读

软件测试基础（原书第2版）

作者：[美] 保罗·阿曼（Paul Ammann） 杰夫·奥法特（Jeff Offutt）著

译者：李楠 ISBN：978-7-111-61129-5 定价：79.00元

这书创造性地使用四种模型来囊括目前的软件测试技术，这样可以帮助学生、研究人员和实践者从抽象和系统的角度来理解这些技术。本书在理论和实践之间做出了很好的平衡。第2版增加了很有价值的新内容，使读者可以在工业界的常用环境中学习软件测试技术。

—— 谢涛，伊利诺伊大学香槟分校

作者简介：

保罗·阿曼（Paul Ammann）是乔治梅森大学软件工程副教授。他于2007年获得Volgenau工程学院的杰出教学奖。他领导开发了应用计算机科学学位，现任软件工程硕士项目主任。Ammann在软件工程领域已经发表了超过80篇文章，尤其着重于软件测试、软件安全、软件依赖性和软件工程教育方向。

杰夫·奥法特（Jeff Offutt）是乔治梅森大学软件工程教授。他于2013年获得乔治梅森大学杰出教学奖。他在基于模型测试、基于准则测试、测试自动化、经验软件工程和软件维护等方面已经发表了超过165篇文章。他是《软件测试、验证和可靠性》期刊的主编。他还帮助创建了IEEE国际软件测试大会，同时也是μJava项目的创始人。

软件测试：一个软件工艺师的方法（原书第4版）

作者：[美]保罗 C.乔根森（Paul C.Jorgensen)著 译者:马琳 李海峰

ISBN：978-7-111-58131-4 定价：79.00元

图书特色：

本书是经典的软件测试教材，综合阐述了软件测试的基础知识和方法，既涉及基于模型的开发，又介绍测试驱动的开发，做到了理论与实践的完美结合，反映了软件标准和开发的新进展和变化。 作者保罗 C. 乔根森具有丰富的软件开发及测试教学和研发经验，他在书中借助精心挑选的实例，把软件测试理论与实践紧密结合，讲解循序渐进、层次分明，便于读者理解。第4版重新规划了篇章结构，内容更加简洁流畅，增加了四章有实用价值的新内容，同时更加深入地讨论了基于路径的测试，从而拓展了本书一直侧重基于模型测试的传统。

作者简介：

保罗 C. 乔根森（Paul C.Jorgensen）于1965年获得伊利诺伊大学厄巴纳-尚佩恩分校数学硕士学位，1985年获得亚利桑那州立大学计算机科学和软件工程博士学位，现为大峡谷州立大学荣休教授。他有50多年软件产业界和教育界的从业经验。在其职业生涯的前20年中，主要从事工业软件开发和管理工作。1986年以来，他一直在大学为研究生讲授软件工程课程并进行相关研究，先是在亚利桑那州立大学授课，之后任教于大峡谷州立大学，2017年8月退休。

推荐阅读

不测的秘密：精准测试之路

作者：TMQ精准测试实践团队 编著 ISBN：978-7-111-57117-9 定价：69.00元

一口气看完这本书，没想到沉迷技术的工程师能在书里穿插了完整的职场和生活故事，还能把独孤九剑和技术要领无缝揉合在一起，非常钦佩！两年前在讨论本书大纲和标题时，作者抛出“不测”这个概念非常独特，太多业务以发布压力为名不断堆积测试人力，习以为常，却往往陷入“越测越缺人，加班多但提升少”的困境。希望书中所讲的真实、曲折且成功的实践经验，能给更多团队带来观念的转变和大胆的行动！

——张鼎，小赢科技品质负责人，TMQ前总监

目前，互联网开发对质量要求越来越高，而开发与测试的周期越来越短。如何做到快速测试？精准测试无异于是一种新思路。试想在软件研发过程中，有一种方法能使得代码经过评估后少测乃至不测，这是怎样的一种体验？假如测试团队具备了金庸笔下高手的能力，化繁为简，四两拨千斤，这是怎样的一种成就？来自腾讯的测试专家们齐聚一堂，通过总结实战经验,告诉读者在移动互联网浪潮中如何生存。本书将从专业的角度，以轻松易懂的方式介绍精准测试思想、要点和最佳工程实践，以达到测试的最高境界“不战而屈人之兵”。

腾讯iOS测试实践

作者：丁如敏 王琳 等 ISBN：978-7-111-57114-8 定价：59.00元

腾讯移动品质中心出品，QQ浏览器等多款亿级用户产品的测试经验总结。

系统对外分享腾讯的测试观、iOS测试核心技术和独有的测试实践。

iOS系统的封闭性导致PC上的一些测试方法和经验在它上面失效，加之移动互联网“快速迭代，快速试错”的模式，对测试团队提出了更大的挑战。腾讯QQ浏览器iOS测试团队在iOS自动化测试、精准测试等方面探索出了很多行之有效的方法，在有效保障上线产品质量的同时提高了测试效率，并将这些经验和方法总结到了书中。相信本书对致力于开发高质量iOS应用的团队有很好的借鉴作用。

—— 俞旭明　手机QQ浏览器（iPhone）开发总监/T4专家

腾讯QQ浏览器iOS测试团队是国内iOS测试的早期探索者和实践者。随着移动互联网的发展，腾讯QQ浏览器已成为服务亿级用户的产品。本书内容是团队多年探索和沉淀的干货，不仅讲解了iOS测试技术，还讲解了测试观和质量把控体系。很高兴看到TMQ团队将这些经验和方法编写成书，希望本书可以帮助在iOS测试上有疑惑和追求的朋友们。

—— 王莉萍　腾讯前专家工程师，现乐信研发管理部总经理

本书提供了非常多的iOS平台测试经验，对测试工程师有很高的参考价值。相关技术和方法总结得很全面，其中提到的精准测试是非常有价值的测试方向，值得在测试行业内推广应用。

—— 黄延胜　TesterHome测试社区联合创始人